Photoshop

图标设计基础与案例教程

| 培训教材版 |

时代印象　编著

人民邮电出版社

北京

图书在版编目（CIP）数据

Photoshop 图标设计基础与案例教程 : 培训教材版 / 时代印象编著. -- 北京 : 人民邮电出版社，2020.8
ISBN 978-7-115-51395-3

Ⅰ. ①P… Ⅱ. ①时… Ⅲ. ①图象处理软件—教材 Ⅳ. ①TP391.413

中国版本图书馆CIP数据核字(2019)第228991号

内 容 提 要

本书主要介绍如何使用 Photoshop CS6 进行 UI 图标设计。全书内容包括图标设计的基础知识，图标设计常用的工具、功能和辅助效果，以及不同风格的典型设计案例。另外，本书对一些重要案例的设计思路和配色方法进行了全面讲解。

全书共 8 章，采用理论和案例相结合的方式，全面解析图标设计的整个流程。全书特别设置了"提示"，介绍实际操作中容易遇到的问题及解决方法。本书的案例顺应了 UI 图标设计的发展趋势，包含由易到难的线性图标、扁平化风格图标和拟物化风格图标。

本书附带学习资源，内容包括书中所有案例的源文件、素材文件和效果文件，以及 PPT 教学课件和在线教学视频。读者可以通过在线方式获取这些资源，具体方法请参看本书前言。

本书非常适合作为 UI 图标设计初、中级读者的入门与提高参考书，也可作为院校和培训机构 UI 设计专业课程的教材。

♦ 编　著　　时代印象
责任编辑　　张丹丹
责任印制　　马振武

♦ 人民邮电出版社出版发行　　北京市丰台区成寿寺路 11 号
邮编　100164　电子邮件　315@ptpress.com.cn
网址　https://www.ptpress.com.cn
北京市艺辉印刷有限公司印刷

♦ 开本：787×1092　1/16
印张：14.75　　　　　　　　彩插：4
字数：427 千字　　　　　　　2020 年 8 月第 1 版
印数：1 – 2 000 册　　　　　　2020 年 8 月北京第 1 次印刷

定价：39.80 元

读者服务热线：(010)81055410　印装质量热线：(010)81055316
反盗版热线：(010)81055315
广告经营许可证：京东市监广登字 20170147 号

⟫⟫⟫ **实战：布尔书本图标** /087页
源文件路径　CH04>布尔书本图标>布尔书本图标.psd
素材路径　无

⟫⟫⟫ **实战：布尔音乐图标** /090页
源文件路径　CH04>布尔音乐图标>布尔音乐图标.psd
素材路径　无

⟫⟫⟫ **实战：弥散阴影** /094页
源文件路径　CH05>弥散阴影>弥散阴影.psd
素材路径　无

⟫⟫⟫ **实战：渐变弥散阴影** /095页
源文件路径　CH05>渐变弥散阴影>渐变弥散阴影.psd
素材路径　无

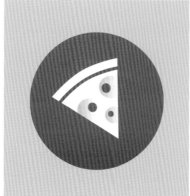

⟫⟫⟫ **实战：比萨内缺角阴影** /098页
源文件路径　CH05>比萨内缺角阴影>比萨内缺角
阴影.psd
素材路径　CH05>比萨内缺角阴影>比萨.png

⟫⟫⟫ **实战：剪刀内缺角阴影** /100页
源文件路径　CH05>剪刀内缺角阴影>剪刀内缺角
阴影.psd
素材路径　CH05>剪刀内缺角阴影>剪刀.png

⟫⟫⟫ **实战：简单长阴影** /103页
源文件路径　CH05>简单长阴影>简单长阴影.psd
素材路径　CH05>简单长阴影>麋鹿.png

⟫⟫⟫ **实战：质感长阴影** /106页
源文件路径　CH05>质感长阴影>质感长阴影.psd
素材路径　CH05>质感长阴影>聊天.png

⟫⟫⟫ **实战：文字长阴影** /111页
源文件路径　CH05>文字长阴影>文字长阴影.psd
素材路径　无

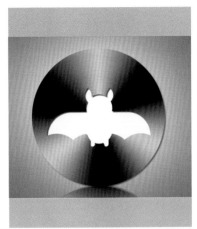

▷▷▷ **实战：拉丝金属效果** /116页
源文件路径　CH05>拉丝金属效果>拉丝金属效果.psd
素材路径　CH05>拉丝金属效果>蝙蝠.png

▷▷▷ **实战：金属质感效果** /120页
源文件路径　CH05>金属质感效果>金属质感效果.psd
素材路径　CH05>金属质感效果>浏览器.png

▷▷▷ **实战：木纹效果** /124页
源文件路径　CH05>木纹效果>木纹效果.psd
素材路径　CH05>木纹效果>短信.png

▷▷▷ **实战：水波纹效果** /128页
源文件路径　CH05>水波纹效果>水波纹效果.psd
素材路径　CH05>水波纹效果>水.png、鹿.png

▷▷▷ **实战：高光效果** /135页
源文件路径　CH05>高光效果>高光效果.psd
素材路径　CH05>高光效果>开关.png

▷▷▷ **实战：倒影效果** /139页
源文件路径　CH05>倒影效果>倒影效果.psd
素材路径　CH05>倒影效果>相机.png

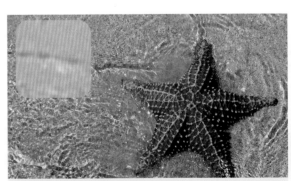

▷▷▷ **实战：磨砂效果** /141页
源文件路径　CH05>磨砂效果>磨砂效果.psd
素材路径　CH05>磨砂效果>海星.jpg

▷▷▷ **实战：画中画效果** /144页
源文件路径　CH05>画中画效果>画中画效果.psd
素材路径　CH05>画中画效果>樱花.jpg

>>> 实战：制作more图标 /148页
源文件路径　CH06>制作more图标>制作more图标.psd
素材路径　无

>>> 实战：制作less图标 /149页
源文件路径　CH06>制作less图标>制作less图标.psd
素材路径　无

>>> 实战：制作close图标 /150页
源文件路径　CH06>制作close图标>制作close图标.psd
素材路径　无

>>> 实战：制作play图标 /151页
源文件路径　CH06>制作play图标>制作play图标.psd
素材路径　无

>>> 实战：制作pause图标 /152页
源文件路径　CH06>制作pause图标>制作pause
图标.psd
素材路径　无

>>> 实战：制作right图标 /153页
源文件路径　CH06>制作right图标>制作right图标.psd
素材路径　无

>>> 实战：制作文件图标 /156页
源文件路径　CH06>制作文件图标>制作文件图标.psd
素材路径　无

>>> 实战：制作用户图标 /158页
源文件路径　CH06>制作用户图标>制作用户图标.psd
素材路径　无

>>> 实战：制作盾牌图标 /160页
源文件路径　CH06>制作盾牌图标>制作盾牌图标.psd
素材路径　无

>>> 实战：制作耳机图标 /164页
源文件路径　CH06>制作耳机图标>制作耳机图标.psd
素材路径　无

>>> 实战：制作话筒图标 /167页
源文件路径　CH06>制作话筒图标>制作话筒图标.psd
素材路径　无

>>> 实战：制作水杯图标 /170页
源文件路径　CH06>制作水杯图标>制作水杯图标.psd
素材路径　无

▷▷▷ **实战：描边蜜蜂图标** /173页
源文件路径　CH06>描边蜜蜂图标>描边蜜蜂图标.psd
素材路径　无

▷▷▷ **实战：描边恐龙图标** /178页
源文件路径　CH06>描边恐龙图标>描边恐龙图标.psd
素材路径　无

7.1 **天气图标** /184页
源文件路径　CH07>微光天气图标>微光天气图标.psd
素材路径　无

7.2 **相机图标** /189页
源文件路径　CH07>星空相机图标>星空相机图标.psd
素材路径　无

7.3 **日历图标** /194页
源文件路径　CH07>渐变日历图标>渐变日历图标.psd
素材路径　无

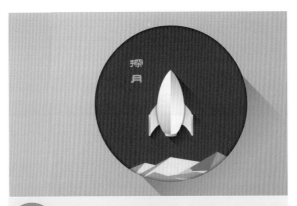

7.4 **加速图标** /199页
源文件路径　CH07>火箭加速图标>火箭加速图标.psd
素材路径　无

 7.5 导航图标 /208页

源文件路径 CH07>创意导航图标>创意导航图标.psd
素材路径 CH07>创意导航图标>渐变背景素材.png

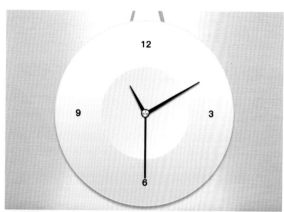

8.1 时钟图标 /216页

源文件路径 CH08>拟真时钟图标>拟真时钟图标.psd
素材路径 无

 8.2 调节图标 /221页

源文件路径 CH08>调节亮度图标>调节亮度图标.psd
素材路径 CH08>调节亮度图标>亮度.png、太阳.png、月亮.png

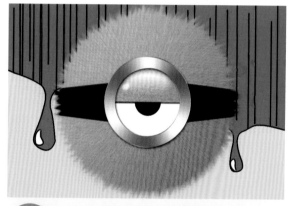

8.3 拟物图标 /227页

源文件路径 CH08>毛绒小黄人图标>毛绒小黄人图标.psd
素材路径 无

8.4 播放图标 /235页

源文件路径 CH08>音乐播放图标>音乐播放图标.psd
素材路径 无

8.5 聊天图标 /241页

源文件路径 CH08>橙子聊天图标>橙子聊天图标.psd
素材路径 CH08>橙子聊天图标>背景素材.png、橙子.png

资源与支持

本书由"数艺设"出品，"数艺设"社区平台（www.shuyishe.com）为您提供后续服务。

◎ 配套资源

书中案例的源文件、素材文件和效果文件
PPT教学课件
在线教学视频

资源获取请扫码

"数艺设"社区平台，为艺术设计从业者提供专业的教育产品。

◎ 与我们联系

我们的联系邮箱是szys@ptpress.com.cn。如果您对本书有任何疑问或建议，请您发邮件给我们，并请在邮件标题中注明本书书名及ISBN，以便我们更高效地做出反馈。

如果您有兴趣出版图书、录制教学课程，或者参与技术审校等工作，可以发邮件给我们；有意出版图书的作者也可以到"数艺设"社区平台在线投稿（直接访问 www.shuyishe.com 即可）。如果学校、培训机构或企业想批量购买本书或"数艺设"出版的其他图书，也可以发邮件联系我们。

如果您在网上发现针对"数艺设"出品图书的各种形式的盗版行为，包括对图书全部或部分内容的非授权传播，请您将怀疑有侵权行为的链接通过邮件发给我们。您的这一举动是对作者权益的保护，也是我们持续为您提供有价值的内容的动力之源。

◎ 关于"数艺设"

人民邮电出版社有限公司旗下品牌"数艺设"，专注于专业艺术设计类图书出版，为艺术设计从业者提供专业的图书、U书、课程等教育产品。出版领域涉及平面、三维、影视、摄影与后期等数字艺术门类，字体设计、品牌设计、色彩设计等设计理论与应用门类，UI设计、电商设计、新媒体设计、游戏设计、交互设计、原型设计等互联网设计门类，环艺设计手绘、插画设计手绘、工业设计手绘等设计手绘门类。更多服务请访问"数艺设"社区平台www.shuyishe.com。我们将提供及时、准确、专业的学习服务。

前言 ⊙

在这个人机交互的时代，科技产品飞速发展，界面设计逐渐重要起来。界面设计师（UI设计师）设计的用户界面（UI），渐渐成了App产品的重要卖点。一个充满设计感的App界面足以吸引用户使用。而图标设计则是界面设计中至关重要的一个环节，除了可以点击图标以打开相应的App之外，从App的UI中也可以看到，组件基本上都会使用到图标设计，这足以证明图标设计的重要性。

一些初次接触图标设计的设计师，在看到一些精品图标时，可能会感觉非常复杂，无从下手。其实图标设计的学习并不难，重点要掌握布尔运算和图标的一些设计规格，然后多加练习即可。

对于UI设计行业来说，设计师从业初期最好能同时掌握Photoshop和Illustrator，这可以很好地帮助他找到工作。学会临摹图标和界面之后，一定要规范图标的绘制，这是UI图标设计必经的一课。

◎ 版面结构

为了达到让读者轻松自学的目的，本书专门设置了"提示""实战""参考表格""设计思路""配色分析""综合案例"等项目，简要介绍如下。

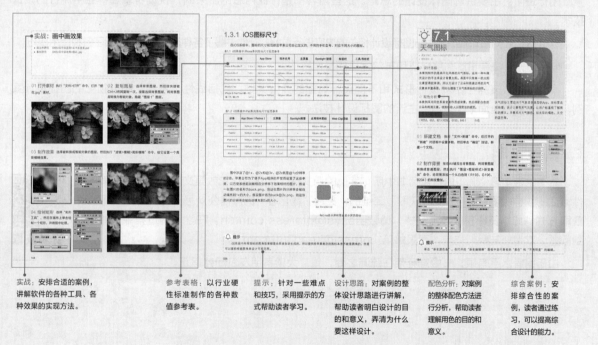

实战：安排合适的案例，讲解软件的各种工具、各种效果的实现方法。

参考表格：以行业硬性标准制作的各种数值参考表。

提示：针对一些难点和技巧，采用提示的方式帮助读者学习。

设计思路：对案例的整体设计思路进行讲解，帮助读者明白自设计的目的和意义，弄清为什么要这样设计。

配色分析：对案例的整体配色方法进行分析，帮助读者理解用色的目的和意义。

综合案例：安排综合性的案例，读者通过练习，可以提高综合设计的能力。

◎ 本书内容

本书共8章，各章的主要内容如下。

第1章：主要介绍与图标相关的一些基础理论知识，帮助读者了解图标的基本概念，图标的尺寸、格式及图标设计的要点等。

第2章：主要介绍图标设计的理论知识，包括图标的设计法则、设计流程、设计风格和配色方法等，这些内容都是图标设计的必备知识，请务必掌握。

第3、4章：主要介绍和图标设计相关的一些软件知识，并讲解一些实用的技巧，重点加入了布尔运算的应用。

第5章：主要是各种软件的进阶使用，结合案例来讲解，其中包括目前流行的各种效果的制作方法，如弥散阴影、长阴影和各种效果等。

第6章：主要是各种风格的线性图标的制作详解，包括简单线性图标、不规则多色线性图标和描边风格图标。这部分内容较为简单，目的在于通过实际练习帮助读者掌握图标设计的软件操作方法和设计方法。

第7、8章：分别是扁平化图标和拟物化图标设计的典型案例。另外，为了方便读者更好地理解和学习，还特别加入了设计思路和配色分析来解析图标设计的流程。

◎ 本书特色

本书按照"图标基础—图标进阶—软件基础—软件进阶-案例巩固"这一思路分阶段讲解。书中的综合案例都带有设计分析和配色分析，能帮助读者更好地学习图标设计的思路。

图标基础：主要讲解图标的基础知识，让读者深入了解与图标相关的基础知识，为后面的学习打好基础。

图标进阶：主要讲解图标设计的思路。这些内容都是行业内总结出来的，供读者掌握行业中流行的设计技术。

软件基础：对Photoshop中与图标设计相关的内容进行讲解，辅助讲解了各种基础知识并介绍了各种使用技巧。

软件进阶：主要讲解图层样式和布尔运算的操作方法。

案例巩固：安排了不同设计形式和不同设计风格的典型案例，包括线性、扁平化和拟物化的图标设计案例，使读者能够全面地学习当今主流的图标设计技法。

◎ 其他说明

本书附带学习资源，内容包括书中所有案例的源文件、素材文件和效果文件，以及PPT教学课件和在线教学视频。扫描"资源获取"二维码，关注"数艺设"的微信公众号，即可得到资源文件获取方式。如需资源获取技术支持，请致函szys@ptpress.com.cn。在学习的过程中，如果遇到问题，欢迎您与我们交流，客服邮箱：press@iread360.com。

资源获取

由于编者水平有限，书中难免存在疏漏之处，望广大读者朋友包涵并指正。

编者

2020年3月

目录 >

⟨ 目录

目录 >

第1章

学习图标前的理论知识

本章将讲解图标设计的基础理论知识，重点内容为图标设计业内和官方规定的固定参数。本章还将详解与图标相关的基础理论知识，以及像素、分辨率和图标的格式等。读者了解相关内容即可，不必死记硬背，可在需要的时候进行查询。

* 了解什么是图标   * 了解分辨率和像素

* 掌握各种图标的规定参数   * 了解图标的格式

1.1 图标的基础

本节将详解图标是什么、图标的类型、图标的功能、图标和Logo的区别等内容，让读者对图标有一个清晰的认识。

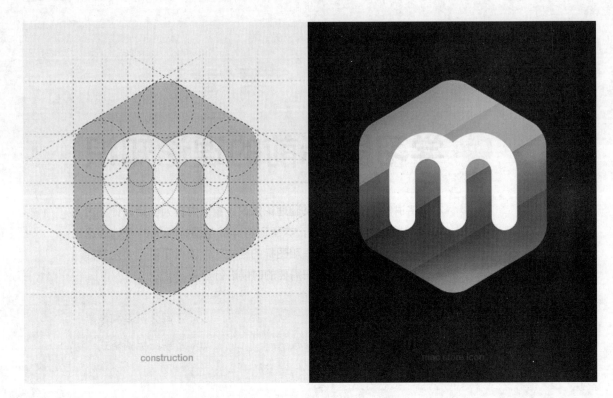

1.1.1 图标是什么

图标是一种用来指示用户进行各种操作的标识图像，是具有明确指代含义的计算机图形。

现实生活中存在着许多提供信息指引的图标，如交通标识图标、旅游景区内的引导图标等。移动设备中的图标就是把现实生活中的图标迁移到界面当中，这些图标可以传达信息并引导用户操作。总之，无论图标以何种形式呈现，它的存在价值都是快速准确地传达信息并且引导用户做出反馈行为。

1.1.2 图标的类型

读者可能会有疑惑，很多不同类型的图形都被称为图标，怎么区分它们呢？它们各自有什么作用呢？带着这些疑问我们可以更深入地了解一下图标的类型。以下展示的是不同类型的图标。

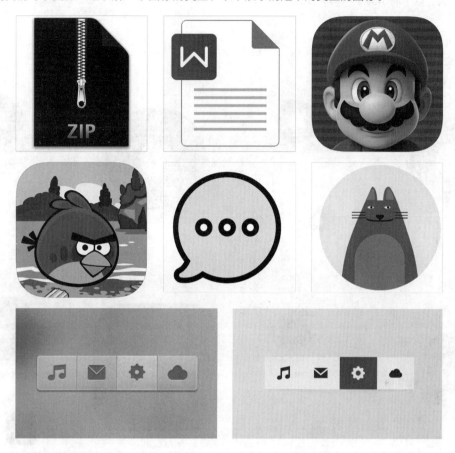

■ **文件类型图标**

文件类型图标（Document Icons）指按照扩展名对应显示的特定图标，在Windows操作系统中比较常见。

▪ 应用类图标

应用程序的图标（Application Icons）指在制作应用程序的过程中，制作出的与应用程序相配套的操作指示图标，这种图标具有很高的识别性，便于用户快速找到相关的应用程序并进行操作，读者可以理解为计算机中的快捷方式。以下展示的是不同尺寸的图标。

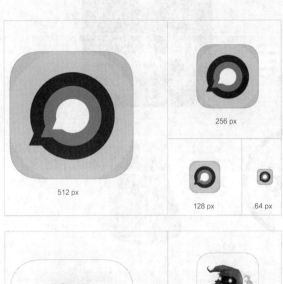

512 px

256 px

128 px

64 px

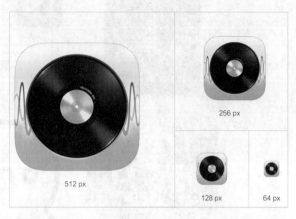

512 px

256 px

128 px

64 px

512 px

256 px

128 px

64 px

512 px

256 px

128 px

64 px

512 px

256 px

128 px

64 px

512 px

256 px

128 px

64 px

■ 控件类图标

　　在应用程序类图标中，还包含另一种图标类型——控件类图标。不同于快捷方式，控件类图标主要是作为控件存在的，如工具栏图标（Toolbar Icons）和菜单图标（Menu Icons）等。

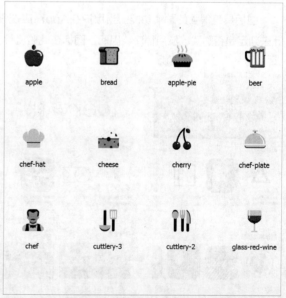

1.1.3 图标的功能

　　将图标制作得更好看，是应用程序制作过程中非常重要的一个环节。因为图标除了具有本身的指代功能以外，还具有其他重要功能。

■ 营销功能

　　图标具有很强的营销功能。当用户在App商店搜索相关应用时，首先看到的是图标，并通过图标的外观设计来判定是否购买该应用程序。因此，图标在此时就相当于应用程序的外观包装，具有向用户宣传App的功能。

🔔 提示
....
　　App（Application，应用程序）一般指手机软件。
....

- **识别功能**

图标具有帮助用户识别应用程序的功能。用户安装好App后，图标的功能（营销功能）也将随之发生改变。当用户寻找某个App时，图标可以帮助用户轻松地从众多图标中识别出这个App，如QQ，用户第一反应肯定是寻找腾讯的企鹅图标。

1.1.4 图标和Logo的区别

图标和Logo在描述概念上一直存在着争议，但这并不影响读者对图标设计的学习，因为Logo和图标的作用对象完全不同，Logo是品牌设计的一部分，而图标是应用程序的快捷方式和入口。以下为同一品牌的图标和Logo。

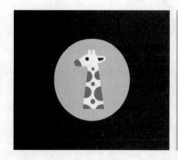

- **Logo**

如今，成功的品牌基本上都有专属于自己的Logo。想成为一个成功的品牌，一个识别度高的Logo是必不可少的。优秀的Logo会带给用户熟悉的感觉，它不仅是好看的标识，还能够唤起人们情感的共鸣。另外，现代Logo还承载着企业的无形资产，是企业综合信息传递的媒介。

■ 图标

　　图标主要指我们在各种数字化设备中看到的应用程序的快捷方式。图标的伟大之处在于它让我们的生活更便捷，它的主要功能是以可视化的方式，让信息更易于用户获取和理解。与Logo不同，图标设计随着计算机和手机的普及，在用户的频繁使用下，开始大规模流行起来。图标虽然体积小巧，但是设计要求非常精确，需要让它所代表的应用程序以一目了然的形式呈现在用户面前。

1.2　分辨率和像素的基础

　　分辨率和像素的知识是学习图标设计前必备的，在进行图标设计时，需要先规划好图标的大小，然后根据大小来设计合适的图标。图标的分辨率并不是设置得越大就越好，设置过大的分辨率，会加大设备物理引擎的需求，造成不必要的浪费。另外，在压缩分辨率的过程中，图标的设计效果也会丢失一部分细节，从而无法达到预期效果。以下展示的是超高分辨率的图标。

1.2.1 屏幕尺寸

无论是手机、平板电脑，还是个人计算机，都需要明确屏幕尺寸和屏幕分辨率之间的区别。

屏幕的尺寸通常以对角线的长度来描述，且该长度是用英寸（1英寸≈2.54厘米）来表示的。例如，iPhone 6的尺寸是4.7英寸，iPad Air的尺寸是9.4英寸，MacBook的尺寸是12英寸。

iPhone 6

iPad Air

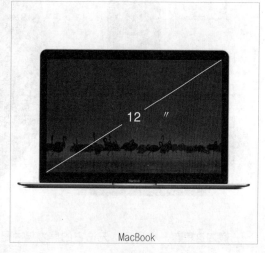
MacBook

🔔 **提示**

" 常用来表示长度单位英寸。

1.2.2 屏幕分辨率

- 像素

在认识屏幕分辨率之前，需要先了解什么是像素。可以把像素理解成正方形的格子，1像素可以呈现出一种颜色，这些像素组合在一起就形成了一个完整的画面，像素的单位是px。下图中的左图为原图，右图为将图像无限放大后的局部像素。

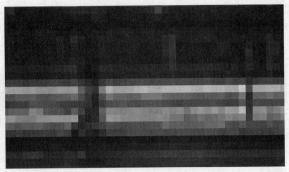

■ 屏幕分辨率

屏幕分辨率就是指屏幕所显示的像素数量，例如，720 px × 1280 px的分辨率，就是指在横排上可以显示720 px，竖排上可以显示1280 px，两数相乘，表示共有921600 px。以下展示的是不同尺寸的屏幕。

假如这里有一个屏幕，无论它的屏幕尺寸是多大，可以是一整面墙那么大，也可以是手机那么大，只要它的屏幕分辨率是720 px × 1280 px，它就只能显示921600 px。因此，在这种情况下，像素就需要调整自身大小来填充适应整个屏幕，在合适的屏幕尺寸下图像就会很清晰，在较大的屏幕尺寸下图像就会比较模糊。以下展示的是相同分辨率不同尺寸的图片。

如果需要显示的图像分辨率高于该设备可支持的最高屏幕分辨率，那么图像将被压缩，即不能达到较好的显示效果。

1.2.3 像素密度

像素密度即我们常说的ppi，表示的是每英寸（屏幕尺寸）所拥有的像素数量，ppi数值越高，代表屏幕能够以越高的密度显示图像。当然，显示的密度越高，拟真度就越高。

1.3 常见图标的尺寸

在图标设计中，主流的图标设计尺寸规格主要区别于iOS和Android两大系统。图标的尺寸规格是有固定规范的，iOS系统的图标主要遵循最新的iOS设计指南，Android系统的图标主要遵循Android设计指南，在需要的时候查询即可。

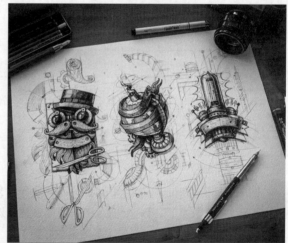

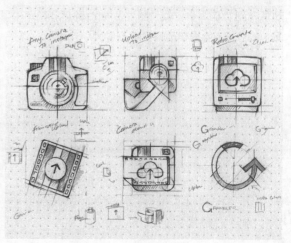

1.3.1 iOS图标尺寸

在iOS系统中，图标的尺寸规范都是苹果公司自己定义的，不同的手机型号，对应不同大小的图标。

表1.1 iOS系统中iPhone系列图标尺寸规范参考

设备	App Store	程序应用	主屏幕	Spotlight 搜索	标签栏	工具/导航栏
iPhone 6 Plus /6s /7 　　（@3x）	1024 px × 1024 px	180 px × 180 px	114 px × 114 px	87 px × 87 px	75 px × 75 px	66 px × 66 px
iPhone 6 /6s /7 　　（@2x）	1024 px × 1024 px	120 px × 120 px	114 px × 114 px	58 px × 58 px	75 px × 75 px	44 px × 44 px
iPhone 5 / 5c / 5s 　　（@2x）	1024 px × 1024 px	120 px × 120 px	114 px × 114 px	58 px × 58 px	75 px × 75 px	44 px × 44 px
iPhone 4 / 4s 　　（@2x）	1024 px × 1024 px	120 px × 120 px	114 px × 114 px	58 px × 58 px	75 px × 75 px	44 px × 44 px
iPhone & iPod Touch第一代 / 第二代 / 第三代 　　（@1x）	1024 px × 1024 px	120 px × 120 px	57 px × 57 px	29 px × 29 px	38 px × 38 px	30 px × 30 px

表1.2 iOS系统中iPad系列图标尺寸规范参考

设备	App Store（Retina）	主屏幕	Spotlight搜索	应用程序图标	Web Clip图标	标签栏图标
iPad Air 2	1024 px（180 px）	–	–	152 px × 152 px	–	–
iPad Air	1024 px（180 px）	–	–	152 px × 152 px	–	–
iPad mini 3	1024 px（180 px）	114 px（20 px）	58 px（10 px）	152 px × 152 px	114 px × 114 px	约60 px × 60 px
iPad mini 2	1024 px（180 px）	114 px（20 px）	58 px（10 px）	152 px × 152 px	114 px × 114 px	约60 px × 60 px
iPad mini	1024 px（180 px）	57 px（20 px）	29 px（10 px）	76 px × 76 px	72 px × 72 px	约30 px × 30 px

图中涉及了@1x、@2x和@3x，@2x就是@1x分辨率的2倍。苹果公司为了便于App程序的开发而设置了这些参数，以方便系统能加载相应分辨率下效果较好的图片。假设一张图片的名称为back.png，则这张图片的分辨率会被自动填充到1x的大小。假设图片名为back@3x.png，则这张图片的分辨率会被自动填充到3x的大小。

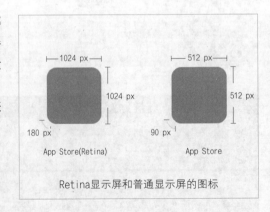

Retina显示屏和普通显示屏的图标

 提示

iOS系统中所有图标的圆角效果都是由系统自动生成的，所以提供给苹果商店的图标本身不能是圆角的，但是可以提前根据圆角来设计可视范围。

1.3.2 Android图标尺寸

在进行Android系统的图标设计时，可以先为图标选取一个合适的尺寸（主流硬件分辨率），然后向上和向下进行适配。因为Android系统的机型较多，所以建议根据屏幕分辨率来确定图标的大小。

表1.3 Android系统的图标尺寸表

屏幕大小	启动图标	操作栏图标	上下文图标	系统通知图标(白色)	最细笔画
320 px × 480 px	48 px × 48 px	32 px × 32 px	16 px × 16 px	24 px × 24 px	≥2 px
480 px × 800 px / 480 px × 854 px / 540 px × 960 px	72 px × 72 px	48 px × 48 px	24 px × 24 px	36 px × 36 px	≥3 px
720 px × 1280 px	48 dp × 48 dp	32 dp × 32 dp	16 dp × 16 dp	24 dp × 24 dp	≥2 dp
1080 px × 1920 px	144 px × 144 px	96 px × 96 px	48 px × 48 px	72 px × 72 px	≥3 dp

表1.4 Android dp/sp/px尺寸换算表

名称	分辨率	1 dp对应的px	1 sp对应的px
ldpi 低密度	240 px × 320 px	1 dp=0.75 px	1 sp=0.75 px
mdpi 中密度	320 px × 480 px	1 dp=1 px	1 sp=1 px
hdpi 高密度	480 px × 800 px	1 dp=1.5 px	1 sp=1.5 px
xhdpi 超高密度	720 px × 1280 px	1 dp=2 px	1 sp=2 px
xxhdpi 超超高密度	1080 px × 1920 px	1 dp=3 px	1 sp=3 px

dp：安卓系统的专用长度单位，以显示像素密度（ppi）为160的屏幕为标准，则1 dp=1 px。

sp：安卓系统的专用字体单位，以显示像素密度（ppi）为160的屏幕为标准，当字体大小为100%时，1 sp=1 px。

1.4 图标的格式

在制作图标之前，需要先了解用于图标的特定格式。图标根据其用途主要分为PNG格式、SVG格式和ICO格式。

1.4.1 PNG格式

PNG（Portable Network Graphics）格式即便携式网络图形，PNG格式是目前移动端和网页界面的不二之选，一般情况下建议采用这种格式，它的优势如下。

- **无损压缩**

PNG采用的独特生成压缩方式，不会对图片造成损坏，让数据能完整地保留下来，右图所示的是高保真PNG图片；而JPEG格式的图片在每一次保存后都会丢失一些图片的信息。

- **支持透明（Alpha）通道**

PNG可以为原图像定义256个透明层次，使彩色图像的边缘能与任何背景平滑地融合，从而彻底地消除锯齿边缘。这种功能是GIF和JPEG没有的，右图所示的是PNG的透明通道。

 提示

给iOS系统提供的图标不能存在透明色。

- **文件较小**

相比同类型的图片格式，PNG格式能在图片清晰和逼真的前提下，保持较小的物理内存占用。

■ 更优化的网络传输显示

　　PNG格式在浏览器上采用流式浏览模式，这种浏览模式在经过交错处理的图像完全下载之前会提供给浏览者一个基本的图像内容，然后逐渐清晰起来，减少用户等待的烦躁感。它允许连续读出和写入图像数据，这个特性很适合在通信过程中显示和生成图像。

1.4.2 SVG格式

　　SVG（Scalable Vector Graphics）格式即可缩放矢量图形，是用于描述二维矢量图形的一种图形格式。它由万维网联盟制定，是一个开放标准。

　　SVG格式具有如下优点：可被非常多的工具读取和修改；与JPEG和GIF格式相比，尺寸更小，可压缩性更强；是可缩放的；可在任何分辨率下被高质量地打印；可在图像质量不降低的情况下被放大；图像中的文本是可选的，也是可搜索的；可以与 Java 技术一起运行；是开放使用的；是纯粹的XML。

1.4.3 ICO格式

　　ICO（Icon file）格式是Windows操作系统的图标文件格式中的一种，可以存储单个图案、多尺寸、多色板的图标文件。这种格式的图标可以在Windows操作系统中直接浏览，具有真色彩、半透明等特有技术，但这种格式只有在Windows操作系统中才能支持Alpha透明通道图标。

　　如果文件的后缀名是.ICL，则代表它是多个图标文件的集合，借助第三方软件才能浏览。

1.5 制作图标的常用软件

优秀的图标设计可以为网页或App界面增色不少。图标已经从比较单调的效果演变出各种鲜明的风格，那么制作图标又会用到什么软件呢？下面将对图标设计常用的软件Photoshop、Illustrator和Sketch进行介绍，本书重点使用Photoshop CS6进行讲解。

1.5.1 Photoshop

本书使用的Photoshop CS6是Photoshop系列产品的第13代，是一个改变较大的升级版本。Photoshop软件的专长是图像处理，而不是图形创作。图像处理是对已有的位图图像进行编辑、加工、处理及运用一些特殊效果，其重点在于对图像的处理加工。下图所示的是Photoshop CS6的启动画面及界面。

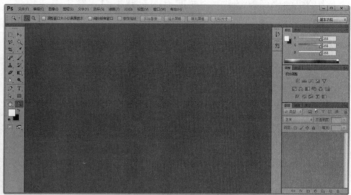

Photoshop的优点在于它本身就是一款主流的设计工具，其处理图片功能强大，调色功能强大。无论是设计图标，还是制作界面，Photoshop都是一个不错的选择。无论什么类型的设计师，都应当掌握Photoshop的软件技能。将软件运用熟练后，即使是绘制3D质感效果也不是问题。Photoshop的缺点是需要根据尺寸进行设计，绘制矢量图形能力较弱。右图所示的是使用Photoshop软件处理的图片效果。

本书主要学习如何制作精美的图标，包括拟物化、扁平化、线性和卡通等不同的风格，制作时将重点运用Photoshop中的布尔工具和各种图像效果。

1.5.2 Illustrator

Illustrator是Adobe公司推出的专业矢量绘图工具，也是应用于出版、多媒体和在线图像的工业标准矢量插画软件。Illustrator强大的功能和简洁的界面，为线稿提供了较高的精度和控制，小型设计和大型复杂项目都很适用。目前Illustrator已经占据了全球矢量编辑软件的大部分份额，全球大部分的设计师在使用Illustrator进行艺术设计，基于Adobe公司专利的Post技术的运用，Illustrator已经完全占领专业的印刷出版领域。下图所示的是Illustrator CS6的启动画面及界面。

Illustrator的优点在于它是一个强大的矢量图设计工具，用它绘制出的Logo、海报等极为优秀。用Illustrator绘制出的图标和界面同样优秀，而且输出为矢量图，可以根据尺寸的变化放大或缩小，从下图中可以看到，无限放大的矢量图依然很清晰。同样不需要第三方草图设计工具，可以直接用Illustrator来设计交互草图。Illustrator的缺点是它的图片处理能力几乎为零，滤镜功能差，处理高质量界面和图标的能力相较Photoshop来说会弱很多。

1.5.3 Sketch

Sketch是一款适用于矢量设计的绘图应用程序。矢量绘图是当前进行网页、图标及界面设计的主流方式。除了具有矢量编辑的功能之外，Sketch还具备一些基本的位图工具，如模糊和色彩校正等。

Sketch上手简单且容易理解，相比于Photoshop和Illustrator，精通Sketch所花费的时间更少。Sketch非常适合用来制作现在主流的扁平化设计，但是并不适合用来制作拟物化设计。

Sketch有一个较为严重的缺陷，就是其程序内核基于苹果的Mac OS系统和框架而开发，所以只能在苹果电脑上使用，在日常的使用和学习中，不利于推广。

1.6 图标设计学习要点

在了解图标的基础理论知识以后，我们将要进行图标设计的正式学习了。本节将从不同操作系统的图标设计特点、图标的风格、图标的配色、图标的形状和图标的效果等方面来阐述图标设计的学习要点。

1.6.1 了解iOS和Android的设计特点

在图标设计中，不同移动设备的操作系统的图标设计理念是有一定区别的。现如今，市面上的移动设备主要使用Android和iOS这两个操作系统，下面介绍一下它们的特点。

- iOS

苹果从iOS 7开始采用Flat Design（扁平化）的设计理念，并沿用至今。iOS 7之前的版本，苹果的图标设计多采用外表华丽的拟物化风格，相对于该风格，扁平化更加简约、平实，且符合大众的审美需求。

　　在色彩上，iOS多使用鲜活的色彩和渐变效果，整个界面包括图标以圆角设计为主，背景以白色为主。另外，在整体效果上，iOS多采用半透明玻璃的模糊效果，从而更好地提升了设计上的质感。下图所示的分别是iOS 6（左边两图）和iOS 10（右边两图）的手机界面。

▪ Android

　　Android是谷歌公司开发的一种基于Linux的自由及开放源代码的操作系统，主要用于移动设备（手机）。Android系统采用的是名为Material Design（质感设计）的设计语言，目的是将手机、平板电脑、个人计算机和其他平台的界面设计得更加一致。

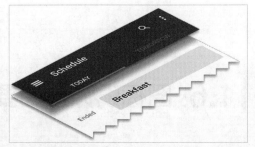

　　Material Design不能被简单地归纳为扁平化设计。从视觉上来说，Material Design是高度抽象和扁平的，但目的却是让用户相信交互发生的一切行为和元素都是有理可循的，因为Material Design的设计思想是把物理世界的体验带进屏幕，所以在设计上必须立足于现实。从美学上来说，Material Design介于扁平化与拟物化之间。

| 物理模型 | 照明研究 | 材料模型 | 色彩模型 |

Material Design的配色概念借鉴了扁平化设计的趋势，配色大胆而且明亮。选取一种主色调和一种辅色调（或不用），在此基础上进行明度、饱和度的调整，构成整体配色。

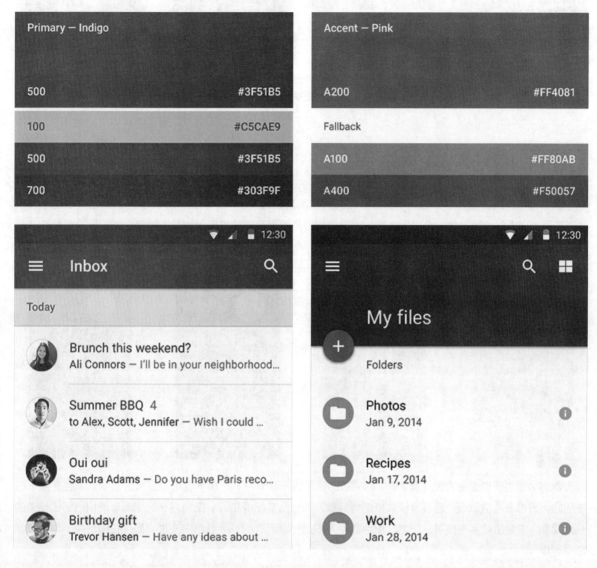

🔔 提示

　　虽然两款系统各自使用自己的设计语言。但是目前很多Android的应用设计更偏向于iOS的设计风格，就是使用iOS设计模版来适配Android系统，这样做的好处是可以节约很多开发成本，并且可以让设计具有一致性。

1.6.2 图标风格的掌握

　　图标的风格可以定义为很多种，其中包括扁平化风格、拟物化风格、卡通风格、线性风格和像素风格等。图标设计中，第一项就是确定图标的设计风格。风格决定接下来的所有设计，包括设计的依据，使用更抽象的图形还是采用更接近真实物体的形状设计，以及需要使用的颜色和采用的效果等。所以了解图标的风格必然是学习图标设计的第一步。下图所示的是不同风格的图标。

不要以自己喜欢的风格去设计一款图标，要结合配套的应用程序、功能等来确定合适的图标风格。

1.6.3 图标配色的掌握

色彩是所有设计中非常关键的一部分，而如何配色又是很多人非常头疼的一个部分。配色即搭配色彩，并不需要大家去创造和想象出合适的色彩，大家要做的是根据设计需求使用协调的颜色去搭配出符合设计理念的色彩。下图所示的是同色系渐变作品。

本书会提供一些配色方案（第2章中的"2.5 色彩搭配速成"），初学者可以直接使用这些配色方案。在使用时，请思考两个重点：色彩为什么搭配得好看，为什么搭配得和谐。配色是长时间观察使用而衍生出来的一种观感，学会了就丢不掉了。总之，配色的学习不是一蹴而就的，需要循序渐进，即"在模仿中学习，在学习中进步"。

1.6.4 图标形状的掌握

图标是UI设计的重要组件之一。扁平化设计的发展趋势，使简洁的图标和寓意表达越来越受到人们的关注，所以，扁平化已在图标设计中占据了重要地位。

在图标设计中，形状决定了图标整体的物理形态。在设计图形时，无论是简单的，还是复杂的图形，都可以由基础的图形组合而成。而在组合形状中，布尔运算是重点需要掌握的，掌握了布尔运算，基本就可以绘制出图标设计中大多数的图形，但是很多人却忽视了这个重要的功能。

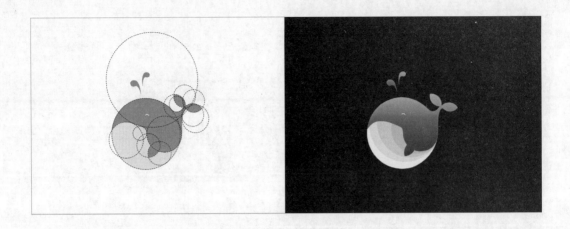

1.6.5 图标效果的掌握

　　学习各种效果制作的重点在于该种效果是如何实现的，可以多思考该效果是由什么功能制作而成的，为什么会形成这样的效果。本书的案例中提供了不同效果的实现方法，目的是希望读者能理解实现效果的方法，而不是局限于重复一种操作而做出作品。以下所示的是特殊效果的作品。

第2章

图标设计的必备知识

本章是对图标设计理论知识的进阶学习，内容主要包括与图标设计相关的规范性知识，如设计法则、设计特点、设计流程和设计风格的确立等。本章还将讲解一些与色彩相关的简单理论知识和色彩搭配速成的方法。

* 了解图标的设计法则和特点   * 了解图标的设计流程

* 掌握图标的设计风格   * 掌握色彩搭配的方法

2.1 控件类图标的设计法则

　　扁平化设计的发展趋势，使图标设计越来越注重简洁和寓意的表达。如今各种各样的图标充斥在不同的App当中，什么样的图标才是设计师应该追求的？评价一个图标设计的好坏的标准是什么？下面将从图标的设计法则来进行分析。

2.1.1 可识别性

　　可识别性的原则是图标的图形要能准确表达相应的操作。右图所示的图标在中国人的眼里是"照相机"，而在美国人的眼里是"Camera"。也就是说，看到一个图标，人们可以跨越语言的差异解读它所代表的含义，而这就是图标设计的灵魂。

　　可识别性原则可以说是图标设计的基本原则。图标作为快速传递信息的载体，首要标准就是要准确地表达含义，如果一个图标不能准确、快速地表达含义，就不能快速、准确地引导用户操作，那么这个图标就没有存在的必要了。下图所示的是可识别性强的图标。

2.1.2 美观性

图标在界面中一般是点睛之笔，都是由精致美观的图形设计而成的。图标的美观度决定了用户对这个图标的观感，足够美观的图标会大大增加用户点击的概率，从而更有效地传达图标所代表的含义。

色彩搭配美丽的图标

线条造型美观的图标

简洁造型与色彩鲜明的图标

遵循美观性原则设计的图标容易使用户产生好感，进而对App产生好感。反之，一个设计得不够好看的图标，会使用户观之产生厌恶感，从而对App产生一种廉价的感觉，起到一种反作用。下图所示的是搭配界面美观的图标。

2.1.3 视觉一致性

不同类型的图标有不同的特征，稍微一点变化，都会破坏整套图标的视觉一致性，所以在同一个产品中保持视觉一致性显得尤为重要。视觉一致性是保证设计品质的重要一环，视觉一致的图标设计会极大地提升设计品质，一套视觉不一致的图标设计会极大地降低产品的设计品质。下图所示的是同样线条和圆角的图标。

在制作整套图标的过程中，明显能感觉出图标之间的一致性有多重要，每处细节都需要调整得非常到位。而这些细节包括图标的复杂度、大小、形状和线条粗细等。下图所示的是同样造型、圆角和透明度的图标。

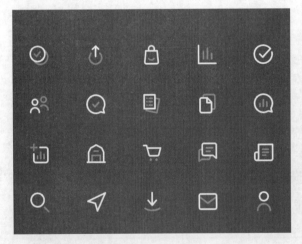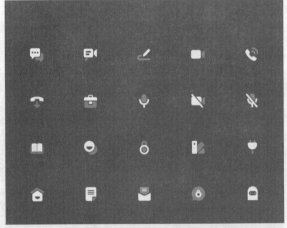

🔔 提示

　　视觉一致性并不意味着一定要拘泥于一种形式。线条粗细可以不必完全相同，颜色也可以不必完全一致，但是整体风格一定要和谐、匹配。

2.1.4　情感表达

　　满足了三大基本准则之后，设计师可以追求更高的突破，即用图标表达情感。图标除去对自身的信息传达之外还可以传达产品的情感，以突出一个产品的个性。图标不同的造型会传达给用户不同的情感感受，如硬朗、温柔、大方、个性、可爱等。图标的情感表达是图标设计的较高境界，需要对图形、线条、大小、颜色有特别细腻的把控力。

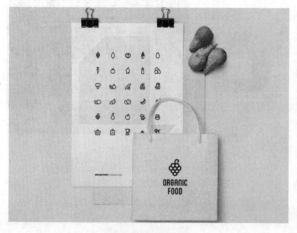

清新可爱的图标

简洁大方的图标

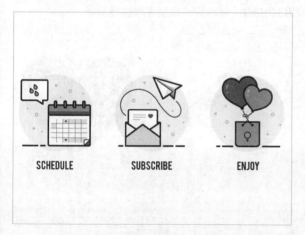

可爱甜美的图标

硬朗方正的图标

2.2　应用类图标的设计特点

　　应用类图标的设计和控件类图标的设计不同，它没有非常严格的规则和法则要求。它的目的是在充满设计感的基础上吸引用户的眼球。以下列举了应用类图标的设计特点，它们都是设计应用类图标的切入点。

2.2.1 高辨识度

用户对图形的识别敏锐度要远强于对文字的。因此，大部分成功的图标设计都是以图形为主的，即便有些图标是由文字组成的，也都会进行某种图形化的处理（不管是中文还是英文），使之具有图形化的特点，以具有高辨识度。图标具有高识别度后，才能直观地反映图标所代表的功能，这才是图标设计的根本意义。

2.2.2 独特的形状

好的应用程序图标都是独一无二的，足够整洁，足够有魅力，足够令人难忘。有的图标有很多颜色或者是功能梯度，但是这些图标的中央设计元素应该是一个醒目的形状，让用户可以快速地进行识别。

2.2.3 使用网格系统

苹果公司开发出了一套黄金分割的网格系统。苹果多数图标按照网格系统进行规范设计，这也为设计师们提供了设计的方向。如果你的图标在不采取这种网格系统的情况下看起来依然很好看，你也可以打破这个规则。

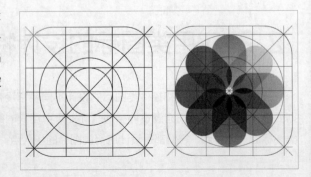

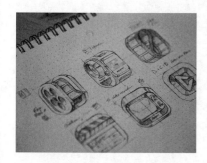  

　　所谓黄金分割是指将整体一分为二，较大部分与整体部分的比值等于较小部分与较大部分的比值，比值约为0.618。这个比例是公认的最能产生美感的比例，因此被称为黄金比例。

　　如果只是单个图标的话，大小可以随意设置。而多个图标最好遵循大小统一的黄金比例原则。

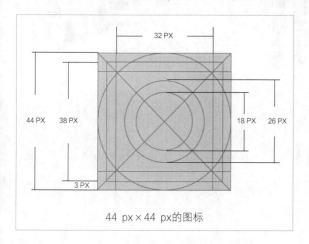

44 px×44 px的图标

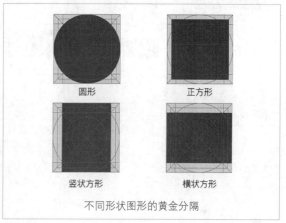

圆形　　　　正方形

竖状方形　　横状方形

不同形状图形的黄金分隔

2.2.4 简化文字

　　在进行图标设计的时候，因为文字字形的多样性会使设计受到很大的限制，所以不建议使用文字。必须要使用文字进行图标设计时，尽量使用字母来代替文字，以利于传播。

🔔 **提示**

当App有很强的定位时，可以选择在图标中加入品牌意识。可以直接将公司的Logo运用到图标设计中，当然前提是公司的Logo已经足够深入人心，或有足够的设计感。

2.3 图标的设计流程

图标设计类似于平面设计中的品牌Logo设计，是整个应用的重要组成部分。用户在看到图标的时候便建立起了对应用的第一印象，并以此来判断应用的品质、作用及可靠性，所以应用需要一个漂亮的，具有吸引力的图标，这样用户才能将其留在主屏幕上。设计图标通常遵循设计思考、寻找隐喻、抽象图形、设计分析和风格确立这套流程，下面就来学习图标设计流程的思路。

2.3.1 设计前的思考

　　我们都知道设计是为了解决需求的，图标设计
自然也不例外。在设计前我们就需要提出问题给项
目经理，要传达公司的什么内容给用户？需要让用
户记住公司的名称，还是公司的核心理念。

2.3.2 寻找隐喻

　　弄清自己的设计目的以后，就可以把App的功能点罗列出来，然后结合设计目的和App的功能点，通过关
键词进行头脑风暴，看看可以联想出什么事物。如"兴奋"这个词，可以联想到极限运动、咖啡和路飞。再如
"慢"和乌龟，"快"和兔子等，有了对比，效果就更加明显了。

　　会联想到极限运动，是因为极限运动会使人产生强烈的兴奋感，而咖啡也会使人产生兴奋感，《海贼

王》里的路飞，是一个永远处于兴奋状态的人，所以会联想到他，这种真实世界与虚拟世界之间的映射关系就叫作隐喻。每一个人工作和学习的环境都不一样，从而导致了人们对于某个词的隐喻理解有所不同。

当然，应用是为大多数人制作的，所以要挑选能被大多数人接受的事物来抽象图形。除非你是为针对某个群体的应用设计图标。

2.3.3 抽象图形

拟物化图标是要尽可能地绘制烦琐细节，追求丰富的内容和更相似的感觉。扁平化图标则相反，要以简练作为绘制的目标，而这就意味着图标没有细节吗？不是的，扁平化图标需要谨慎、认真地把握比较重点的细节，并使之越来越优雅。这里教大家一个快速抽象化图形的实用方法，步骤如下。是不是有了转化的过程，图标制作就变得非常简单了。

| 原图形 | 勾勒外形 | 处理基本形状 | 完善细节 | 最终图 |

参照以上抽象化图形的步骤，对于新设计师来说，是非常可取并且实用的。尤其是第一步，能够非常快速地处理出图像的雏形。

咖啡　　　　　　　宠物　　　　　　　盆栽

2.3.4　设计分析

　　App图标的图形在符合大多数人心理隐喻的同时，又会产生雷同现象，即大量同类App的图标设计非常相近。观察几款常用的通信类图标，可以发现这些App的图标绝大多数使用了气泡图形，如微信、易信、陌陌和米聊等。很明显，气泡代表了语言的传达。如今每天都会诞生大量的应用产品，为了避免设计撞车，可以先去看看同类型App的图标设计是什么样的，通过筛选分析，调整图形的设计细节，做到与同类型App的图标设计有所区别。

2.3.5　风格确立

　　确定了App图标的基础形状后，接下来就需要确定颜色。可以根据App的类型选择合适的颜色。当然，当你不知道该使用什么颜色的时候，单色是比较稳妥的选择。目前图标设计主流是扁平化风格，大部分App的图标都是以单色搭配图形为主，从技法上来说，这样降低了整体设计的难度，但是提高了单体设计的难度。因为设计出一款简单且受欢迎的图形是一件颇有难度的事情。

2.4　图标的设计风格

　　图标风格按照现在的流行趋势大致可分为扁平化风格和拟物化风格，这两者都有自己的优势，很难说清楚到底是拟物化风格好，还是扁平化风格好。但是在信息技术和互联网快速发展的当今，扁平化风格快速、简单、直接的信息表达更能迎合这个时代。

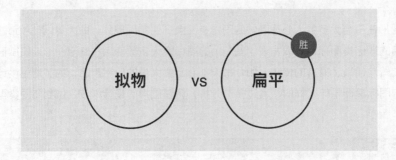

2.4.1 风格间的区分

如果将扁平化风格理解成二维的设计，将拟物化风格理解成3D的设计，那么我们可以试着将介于二维与3D之间的风格称为2.5D的设计。2.5D图标的特色是同时拥有扁平化风格和拟物化风格两者的部分特点。目前，暂时还没有人将2.5D图标定义为一种风格，因为它只是同时具备其他两种主流风格的部分特点。这里将它区别出来是为了让读者更好地理解。

扁平化

拟物化

- **二维的扁平化风格图标**

扁平化风格的图标有很多种类型，这里列举部分较为常用且风格较为明显的图标进行区分讲解。

线性图标：线性图标的特点是简约、概括，细节相对也比较少，可以说跟早期的印象主义有一些关系。

剪影图标：这类图标比较平稳，适合用作辅助类的修饰和视觉聚焦，与线性图标功能类似，同属于现在App中常见的图标。

  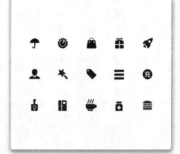

间色剪影图标：这类图标给人的感觉比较稳重，常用作文案的修饰。

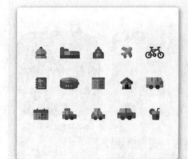  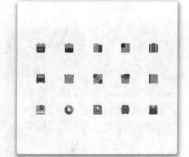

光影图标：这类图标多为彩色，加上高光和投影图标会显得更加有活力。

  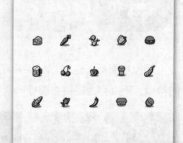

长阴影图标：带长阴影的图标，是流行过的一种风格，突出图标之间的层级关系，常见于控件类图标。

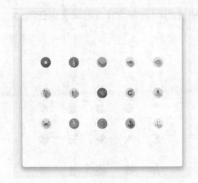 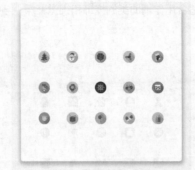 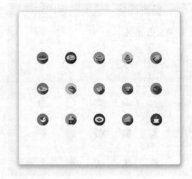

▪ 2.5D图标

    2.5D的图标拥有部分扁平化和部分拟物化的特点。2.5D的图标不是一种风格，将2.5D图标区分出来是为了便于读者理解并更好地掌握。可以将2.5D图标看作更趋近于扁平化风格或更趋近于拟物化风格。

    插画类图标：插画类图标对色彩搭配和绘画功底的要求比较高，可以给作品增加好几个层级，是现在比较流行的一种设计风格。这类图标更趋近于扁平化风格。

    轻拟物图标：这类图标采用了部分拟物质感，如阴影、高光、渐变等效果，但是并没有具体采用拟物化的特点，所以称为轻拟物图标。这类图标更趋近于拟物化风格。

■ 3D的拟物化风格图标

拟物化的图标较容易区分，和扁平化呈鲜明对比。

拟物化图标： 此类图标的质感很强，具有非常高的识别性。能够极大地增强用户的视觉观感。

2.4.2 扁平化风格2.0

曾经，对于扁平化的定义，概括起来有4个特征：没有多余的效果，例如，投影、凹凸、渐变等；使用简洁风格的元素和图标；大胆、丰富且明亮的配色风格；尽量减少装饰的极简设计。

🔔 **提示**

不得不说，在扁平化设计大行其道的时候，苹果公司和谷歌公司的设计将简洁这一思想诠释得很好，而微软却将简洁做成了简陋。打个比方来说，拟物化设计是浓妆，扁平化设计是淡妆，而微软直接素颜。

如今，扁平化设计美学正在发生细微的变化，如长阴影、光影、微阴影、弥散阴影和渐变等的出现。扁平化大胆的用色，简洁明快的界面风格一度让大家耳目一新，但在它对元素效果抛弃得如此彻底之际，又将效果捡起来，改装成另一番模样，使扁平化进化为更高层次的设计，这就是扁平化2.0。

下面讲解几种目前比较实用且好看的扁平化设计效果和技巧，在后面的章节中会具体学习制作这些效果的方法。

■ 长阴影

长阴影图标是之前较为流行的一种阴影设计，长阴影采用的是45度角的阴影。长阴影设计营造了一种冬日效果，当投影延伸到一定均衡范围内时，会给图标增添一种深度的质感。

▪ 微阴影

微阴影就是极其微弱的投影，这是一种几乎不能被人立刻察觉的投影，它可以增加元素的深度，使元素从背景中脱颖而出，引起用户的注意。但在使用这一效果时需要注意，要让它保持柔和感和隐蔽性。

利用元素的形状，使元素从背景中独立出来。即使元素与背景有着同样的颜色，依然可以通过微阴影加以区分，而视觉上还能保持色调一致性和简洁性。

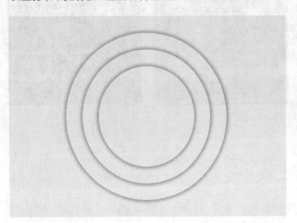

▪ 弥散阴影

弥散阴影是目前流行的一种阴影设计，与普通的阴影技术相比，弥散阴影能表现出更有深度的感觉。虽然说这是从平面设计中衍生出来的一种技巧，但也反映出了现在的设计潮流。

■ 渐变

渐变是指某个物体的颜色从明到暗、由深转浅，或是从一种色彩过渡到另一种色彩，是一种充满变幻无穷的神秘浪漫气息的颜色。色彩带给人的是不同的感受和情绪，渐变带给人的则是更多的想象空间。本书中有很多制作渐变图标的案例，可以帮助大家学习渐变图标设计。下图所示的是扁平化设计风格的带有渐变色彩的网站。

合理使用渐变色可以吸引用户、渲染氛围、提升美感、传递情绪等。想运用好渐变色，需要有更好的色感，还要在色彩搭配和透明度上多下功夫。将渐变和扁平化相结合可以得到意想不到的效果。下图所示的是带渐变的图标和界面。

  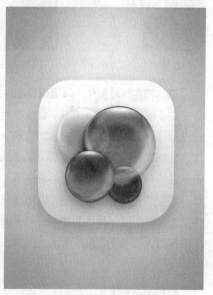

■ 扁平化的优点和缺点

扁平化之所以能够那么火，也确实是有诸多原因的。

◎ 优点

响应式布局

现在终端设备越来越多，而且几乎什么尺寸都有，为了适应这些屏幕尺寸，并且给用户提供优质的阅读体验，响应式的布局设计应运而生。扁平化设计有设计简单等特点，甚至可以直接用代码实现设计效果。这样的情况使阅读体验非常简单和实用。

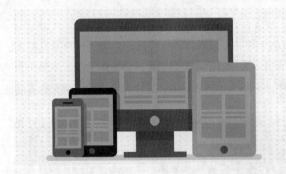
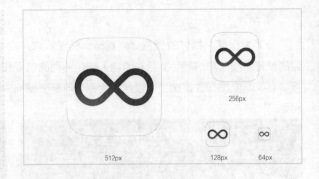

让用户更加注意内容本身，而不是别的不必要的装饰

用扁平化方式设计出来的作品，没有那么多吸引人眼球的东西，界面大多比较简单。这样用户自然更容易关注内容本身，而忽略了这个是被设计过的，当然这肯定是被设计过的。

感官和实际轻量化，降低设备硬件要求

由于扁平化设计简单明了且多以明快、单一的色彩进行设计，去除了那些多余的元素，所以整体界面让人从感官上觉得特别的轻快。从另外一个层面说，由于设计简洁，以至于有些地方都可以直接用代码写出。甚至是一些动画效果也可以用代码直接写出。这样就大大降低了对硬件的需求，对于设计师和程序员来说都大大降低了工作难度。

结构层次扁平化

扁平化设计的理念也在影响着交互方式。可以看到越来越多产品的交互不再像过去那样有那么多层级，而是被精简归纳整合起来。一目了然的同时，提升了用户体验。

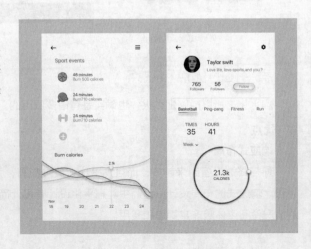

◎ **缺点**

需要一定的学习成本

以前的苹果系统之所以采用拟物化风格，很大原因在于乔布斯对于学习成本的极高重视，因而才会在界面中大量地使用隐喻和模仿。乔布斯对界面设计的一个理想是，任何年龄的人，有任何经历的人，都可以在拿到设备后的几分钟内轻松地掌握它的用法。而扁平化设计对于年轻人来说也许上手非常简单，但是对于其他年龄段的人来说可能是一头雾水。

表现形式单一，同质化严重，缺乏个性

很多时候，扁平化设计在界面和网页中的表现形式非常少。去掉App的名称，有时候可能都无法区分出不同的App，尤其是在现在这个你借鉴我，我借鉴你的年代。

冷淡、缺乏亲和力

扁平化设计大都使用精简或抽象后得到的元素，甚至有些网站的设计就是用大片颜色加字体，确实够简洁和高端。但这种风格看多了，就会感觉无内容和空洞，甚至有些冷淡。

 提示

扁平化2.0的逐渐出现，其实是在逐渐改善这些缺点。

2.4.3 拟物化风格

拟物化的定义是模拟现实物品的造型和质感，通过叠加高光、纹理、材质、阴影等效果对实物进行再现，也可适当变形和夸张。拟物设计会让你第一眼就认出这是什么。交互方式也模拟现实生活中的交互方式。

▪ **拟物化的优点和缺点**

拟物化设计当然也有它不可替代的优点。

◎ **优点**

学习成本低

这里的学习成本不是指设计师的学习，而是指用户理解设计所花的学习时间。用户花很少的时间就可以看懂拟物化设计所要表达的意思，对于不同年龄层的人来说，拟物化的图标能达到同样的效果。

情感表现更丰富

拟物化的各种图标给人的视觉感受，加上一些交互的效果，如相机按下后的咔嚓的声音就模仿了老式相机的声音，这些效果可以让用户感觉更真实、更享受。

◎ **缺点**

设计过于繁杂

拟物化的优点可能对于现在的社会来说就是它最大的缺点，设计周期太长，花费大量的时间在真实的视觉阴影和质感制作上，换一个屏幕尺寸又需要重新设计。设计好一个屏幕尺寸的一个拟物化图标时，可能别人已经做出了全套的扁平化作品。

2.4.4 为什么扁平化更迎合时代

如今社会发展迅速，为了满足用户的需求，互联网产品需要不断迭代和升级，通过前面对扁平化风格和拟物化风格的优缺点分析可以发现，扁平化风格更能适应实际需求。

扁平化最大的好处还是在于能够适应技术的发展。并且最大限度地呈现内容本身，而不是展示无用的装饰。因为在产品设计当中，设计是为了更好地呈现产品本身而存在的，一旦"设计太过"，就变成了一种无用的装饰。因此，可以说扁平化设计是顺应时代的产物。

而事实上，扁平化设计发展到今天也在不断地优化，从而更加适应时代的发展。要想真正地运用好扁平化设计，绝不是一件简单的事

情，越简单的东西，想表达得更多，设计起来越难。扁平化设计也是这个道理，它非常考验一个设计师的基本功。

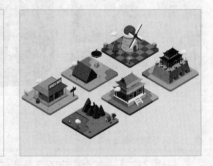

🔔 **提示**

图标的风格没有好与坏，只有适合与不适合，不要盲目地追求扁平化风格和拟物化风格，选择更适合的图标风格为设计加分才是更高的追求。

2.5 色彩搭配速成

色彩对于设计的作用不言而喻，对于图标设计亦然。色彩作为第一感官信息吸引着用户的视线。每一种颜色都有自己的特征，当一种色相的纯度和明度发生变化时，或者不同的颜色进行搭配时，颜色的意义也会随之改变。本节会以非图标的角度来解析色彩，希望读者能从其他角度关注图标与界面之间的色彩关系。

本节首先简单介绍一下颜色的特征，然后讲解一些颜色的快速搭配技巧，这些方法对于色彩搭配能力较弱的读者来说是必备的。

2.5.1 色彩的三要素

色彩主要是由三要素构成的，分别是色相、饱和度和明度。

- ### 色相

色相是最基本的颜色术语，通常用来衡量实际的颜色，如蓝色、红色或黄色。色相由原色、间色和复色构成，色相是无限丰富的。通俗地说，色相决定了事物的颜色。

- ### 饱和度

饱和度，也被称为纯度，与一个颜色的纯度和鲜艳度相关。饱和度越高，色彩越鲜明，饱和度越低，色彩越暗淡。通俗地说，饱和度决定了色彩的浓淡。

- ### 明度

明度，也被称为色彩的亮度，明度反映的是色彩的深浅变化，一般情况下，在颜色中加入白色，明度提高，加入黑色，明度降低。通俗地说，明度决定了颜色的明暗。

2.5.2 色彩的模式

色彩的模式有很多种，但是常用的色彩模式主要有两种，只要掌握了这两种色彩模式，基本就可以应付大多数的日常需求。

▪ RGB模式

RGB模式是加色混合模式，通过红、绿、蓝3种原色光的混合叠加来显示颜色。由于RGB模式是通过光的混合叠加来产生颜色的，所以在印刷中是无法使用的，只能在带有显示屏的设备中使用，如个人计算机和手机等设备。所以如果作品的输出终端是App或网页都应该采用该色彩模式。

▪ CMYK模式

CMYK模式是一种减色混合模式，也被称为印刷色彩模式。它的颜色范围要比RGB模式小很多。制作用于印刷和打印的图像时，就应该采用该色彩模式。

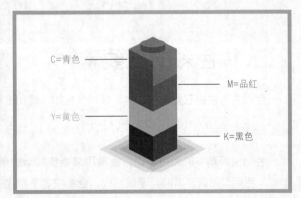

2.5.3 取色配色法

这纯属拯救学习初期，色彩搭配能力很弱的人的一种配色方法。首先，去各大网站搜索你喜欢的图片，图片尽量选择色调有变化且明暗对比较为明显的。因为黑白或低对比度的色调会让你的色彩方案看起来不够鲜明。然后使用Photoshop中的拾色工具将图片里面的颜色提取出来，之后就可以将其直接运用到自己的设计作品中了。还可以将提取的颜色制作成PNG图片保存，作为专属于自己的色卡，将来可以反复使用。右图所示的是配色卡。

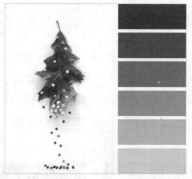

配色卡

2.5.4 同色系配色法

同色系配色是指主色和辅色都在同一色相上，这种配色往往会给人一种一致化的感受。同色系配色法利用同一色相，通过深浅对比，营造出页面空间层次。同色系配色有着极高的统一性。

2.5.5 对比色配色法

在各种色相的搭配中，对比色配色无疑是一种最突出的搭配方法，如果你想让你的作品特别引人注目，那么对比色搭配法或许是种很好的选择。

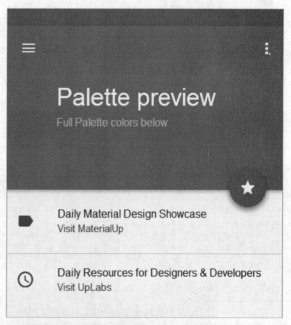

2.5.6 邻近色配色法

邻近色搭配比同色系搭配稍微丰富，色相柔和过渡，看起来很和谐。使用邻近色配色法，能做到最大限度地和谐，起到事半功倍的作用，其最大的优势在于不同的色彩之间存在着相互渗透的关系，视觉上和谐、流畅、不突兀。

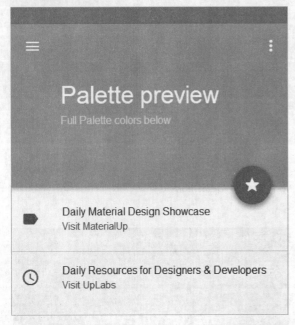

2.5.7 类似色配色法

类似色配色也是常用的配色方法，效果对比不强，给人以祥和的感觉。类似色配色法其实和邻近色配色法比较相近，一般这种色彩的搭配会显得比较平静、舒服。

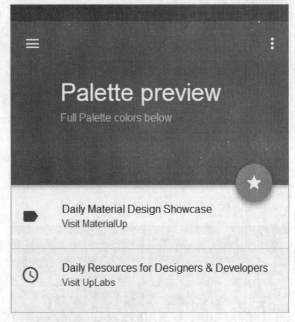

第3章

图标设计前的基础操作

本章将对Photoshop的基础内容进行学习，主要是对图标设计中运用到的图层、蒙版和文字这三大重要功能的一些特点进行学习。本章还将讲解绘制图标时要用的基础的7个形状工具，希望读者可以熟练掌握。

* 掌握图层   * 了解蒙版

* 掌握剪贴蒙版   * 掌握形状工具

3.1 必知的三大功能

在具体学习图标设计之前，先要有技巧性地掌握Photoshop中的几个核心功能。这些技巧对于图标设计来说是必不可少的，掌握了这些技巧，才能对图标设计更加得心应手。本节讲解三大核心功能的主要操作和技巧，不涉及过于基础的内容。

3.1.1 图层

通俗地讲，图层就像是含有文字或图形等元素的透明纸，一张张图层按顺序叠放在一起，即可形成页面的最终效果。

从图标的图层分解图中可以直观地看出图层与各个基本元素的关系。

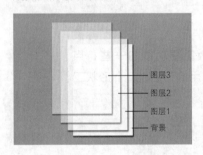   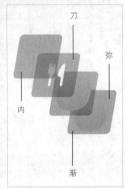

- "图层"面板

在Photoshop中，图层几乎承载了所有的可编辑操作，图层的功能非常的强大，但是操作方法却比较简单，将它了解透彻也不难。在Photoshop中编辑图像其实就是对每个图层进行编辑，将每个图层编辑好后叠加在一起就呈现出了最终的效果。下面会介绍一些设计图标时经常会用到的图层技巧。

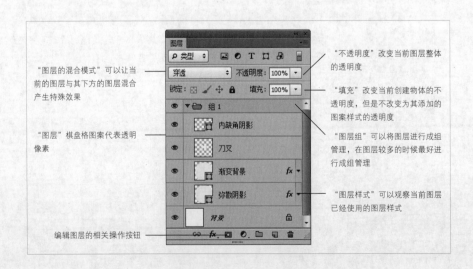

命名图层和图层组：
当你在设计图标时，一定要记得给所有的图层命名，养成设计的好习惯。当一个PSD文件中有大量的图层时，命名可以让图层更加整洁，并且能使你给人的感觉更加的专业。双击该图层是最快的命名方式。

用颜色标记图层：
用颜色标记图层是一个很好的区分图层的方法。在图层操作面板中单击鼠标右键，选择相应的颜色进行标记即可。相比为图层命名，颜色标记更能引起人的注意，这个方法适用于标记一些相同类型的图层。

时常检查图层并调整顺序：操作时经常会遇到一些空白图层或是已经没有用的图层。为避免这些没用的图层占用过多空间，拖慢Photoshop运行速度，应该及时进行删除操作。此外，要时常检查图层顺序，以确保图层面板中图层的堆叠顺序是正确的。

这样操作可以最大限度地精简PSD文件大小，并使PSD图层内容清晰易懂。尤其是在团队合作同一个项目时，这样操作，下一个接手该PSD文件的人可以非常快速地了解该PSD文件的信息，并迅速开展工作，提高工作的整体效率。

🔔 **提示**

执行"文件>脚本>所有空图层"命令可以快速地删除所有的图层。

常被遗忘的5个功能：这5个按钮可以快速地选择出当前文件中的所有像素图层、色彩调整图层、文字图层、路径图层和智能对象图层。对于一些图层比较多的文件来说能非常快速地定位。

▪ "不透明度"和"填充"

在"图层"面板中有两个控制不透明度的选项，即"不透明度"和"填充"。部分人还没有分清这两个选项的作用，其中"不透明度"用于设置当前图层的整体不透明度，也就是说，只要是该图层的内容就会受到影响。"填充"则只用于调整当前图像像素的不透明度，对图层中添加的图层样式没有任何影响。

从对比图中应该可以很直观地对比出两者的区别。在只想保留图层样式的时候，"填充"便能发挥它的作用。

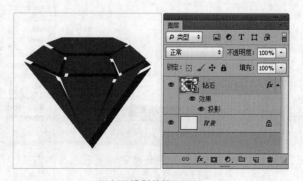

添加了投影的钻石图标

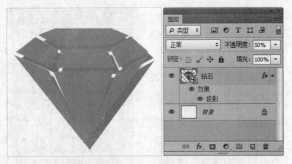

不透明度为50%的钻石图标

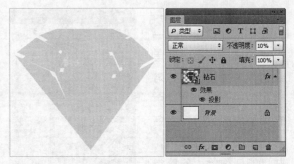

不透明度为10%的钻石图标

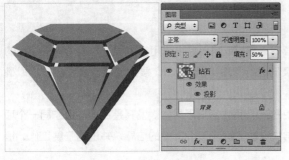

填充为50%的钻石图标

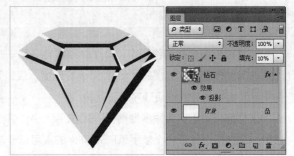

填充为10%的钻石图标

🔔 提示

　　在制作图标或是一些UI组件的过程中，为了使界面中的元素呈现出半透明的视觉效果同时又不影响图层样式效果，经常会使用"填充"来调整像素的不透明度，这样可以让设计更具设计感和质感。

■ 调整图层

　　调整图层是一种较为常用的特殊图层，位于"调整"面板中，单击即可启用。它可以将颜色和色调调整应用于位于它下方的图层，但不会改变这些图层的像素，因此，不会对这些图层中的像素造成任何破坏，它还可以随时在"属性"面板中随意修改。

"调整"面板

"调整图层"菜单命令，同时对
应"调整"面板中的命令

"属性"面板

直接在图层上调整颜色和色调与使用调整图层调整，从下图中可以明显观察出区别。可以发现直接在原图上调整会改变图层的像素信息，使用调整图层进行调整，图层的信息没有发生任何改变，隐藏调整图层后可以看到原图没有受到任何影响。

原图

在原图上直接进行调整

使用调整图层进行调整

隐藏调整图层后的原图

3.1.2 蒙版

在使用Photoshop进行图标设计的过程中，在"图层"面板中可以向图层添加蒙版，调整蒙版可以隐藏或显示当前图层的内容。

蒙版可以通过调整从白到黑的灰度渐变来调控需要显示的透明特性。白色为显示所有内容，而黑色则为完全不显示。简单地说：蒙版相当于一张图像玻璃，白色的为透明玻璃，该区域可见；黑色的为不透明玻璃，该区域不可见。

蒙版为全白

蒙版为25%灰

蒙版为50%灰

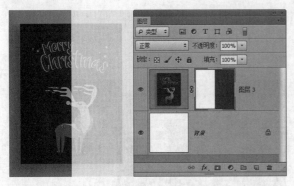
蒙版为75%灰

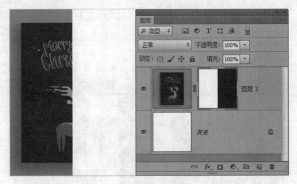
蒙版为全黑

■ 图层蒙版

图层蒙版的特点有以下几个：用像素工具编辑，也就是属于位图的类型；可以使用渐变工具在图层蒙版上编辑，也就是说图层蒙版可以呈现出透明的效果（以上不同蒙版灰度图就可以很好地解释）。

■ 矢量蒙版

矢量蒙版的特点如下：由路径生成，如"钢笔工具"和其他形状工具，也就是说它只能使用矢量工具进行编辑；矢量蒙版拥有矢量图形的特点，也就是任意缩放不变形；矢量蒙版不能呈现出半透明效果。

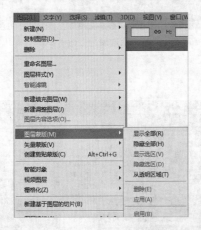

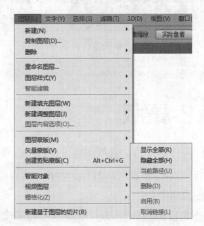

■ 剪贴蒙版

剪贴蒙版在操作中经常用到，它的优点在于可以根据当前图层下方图层的外形来显示当前图层内容。

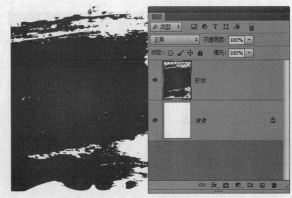

🔔 **提示**

　　成组以后的对象是不能进行剪贴蒙版操作的，这时候就需要通过其他方法来实现相同的效果。方法有两种：使用蒙版进行操作；将组复制一次，然后隐藏其中一个，将剩下的那个组按快捷键Ctrl+E合并，再进行剪贴蒙版操作，这样既保存了原始的内容，也可使用剪贴蒙版。

3.1.3 文字

　　现如今，部分图标很难做到完全准确地意思表达，这就需要用户花费较多的时间思考，而这会提高用户体验过程中的认知负荷。如果图标无法快速而准确地传达信息，特别是对于移动设备来说，界面再漂亮，动效再炫酷，也没有任何作用。这时候，不要吝啬于使用文字来作为辅助信息。

　　在Photoshop中使用文字工具时，建议使用"字符"面板来进行操作设置，如调整文字的字体、大小、样式、间距和颜色等。

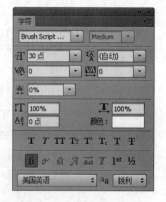

　　下图为添加辅助文字的图标和未添加辅助文字的图标在界面中的对比情况。可以很明显地看出添加了辅助文字的图标的界面看起来更加简便易懂，而未添加辅助文字的图标的界面不知道到底能在哪里找到什么，能做什么。

■ 文字的输入方式

常规输入：也就是选择文字工具后直接进行输入。

文本框输入：先选择文字工具，然后在画布中拖曳出文本框。

路径输入：先选择文字工具，然后在路径上单击输入文字。

3.2 绘制图形的工具

在制作图标或是UI中的某个组件时，要使用Photoshop中的各个矢量绘图工具来进行绘制，不能用选框工具搭配填充的方法绘制图形。这些图形通过矢量路径的方式来呈现，能任意地更改填充和描边，也能任意地更改大小。Photoshop中包含"矩形工具""椭圆工具""圆角矩形工具"等工具。

3.2.1 矩形工具

Photoshop中的"矩形工具"可以绘制出任意长度和宽度的矩形，选择工具箱中的"矩形工具"，可以看到下图所示的选项栏，在这里可以对所绘制的矩形进行填充色、描边、长和宽等设置。按住Shift键可以绘制出正方形。

🔔 提示

在Photoshop中绘制形状时，采用如下方法可以让绘制的形状更加规范。绘制前先设置好绘制模式、填充和描边等，然后在画布中单击，在弹出的创建对话框中设置需要的具体数值。之后需要更改的时候再通过调整选项栏中的W（形状宽度）和H（形状高度）的数值进行更改。

Photoshop中的所有绘图工具都有3种绘制模式，分别是形状、路径和像素，这3种模式绘制的形状效果是不同的。

使用"形状"模式绘制的矩形可以在选项栏中随意更改所有的参数，包含该形状的路径和形状图层。

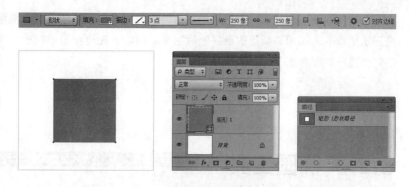

使用"路径"模式绘制的矩形只包含路径，可以将其转换为选区、像素或形状（就是"形状"模式绘制的矩形）。

🔔 提示

尽量不使用"路径"和"像素"绘图模式来进行绘制。

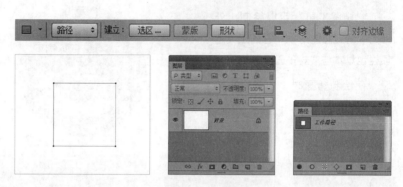

使用"像素"模式绘制的矩形只包含位图图层，这种图层的特点与位图相同，将其缩放会损失质量。在制作图标及UI其他组件时，一般情况下不会使用这种模式。

🔔 提示

在绘制图标时，大多情况下都会采用"形状"模式来绘制图形，这样绘制出的图形可以任意地更改大小，且不会影响图形的质量。

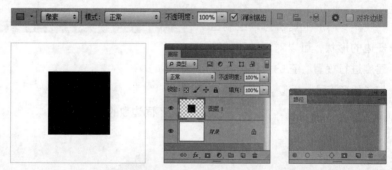

3.2.2 圆角矩形工具

"圆角矩形工具"可以绘制出带有弧度的圆角方形，它的工具选项栏基本与"矩形工具"相同，只是多了一个"半径"的选项，半径用于控制矩形的圆角弯曲程度。按住Shift键可以绘制出圆角正方形，不过采用单击创建的方法绘制更精确。右图所示的分别是半径为90像素和半径为45像素绘制的图标。

在制作图标时经常会用到"圆角矩形工具"，这是一个非常实用且常用的工具。

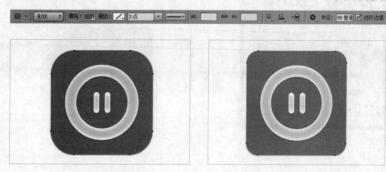

在绘制圆角矩形时，也最好采用单击创建的方法，但是创建好的圆角半径是无法更改的，如果需要更改最好删除后重新创建。在更新版本的软件中是可以对创建好的圆角进行更改的。

3.2.3 椭圆工具

"椭圆工具"可以绘制出外形为椭圆或圆的形状，它的工具选项栏也基本与"矩形工具"相同。

在绘制椭圆时，也最好采用单击创建的方法。

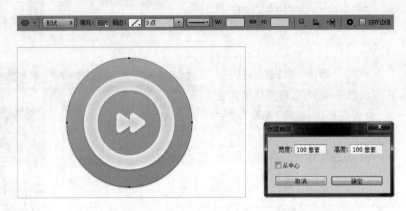

3.2.4 多边形工具

"多边形工具"可以绘制出多边的形状，可以对边数和凹陷程度进行设置。它的大部分参数与"矩形工具"类似。

不同边数的多边形

使用"多边形工具"进行绘制时，采用单击创建的方法，可以控制具体的绘制形状。

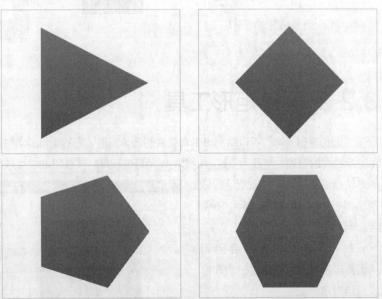

只勾选"星形"的多边形

同时勾选"平滑拐角"和"星形"的多边形

不同缩进边依据量的多边形

3.2.5 直线工具

"直线工具"用于创建直线、虚线或带有箭头样式的线段，通过该工具选项栏中的设置可以绘制出直线的路径、形状或像素。这个工具在绘制图标时很少使用到，一般情况下，"钢笔工具"可以替代其大部分工具，而且与之相比更为灵活。

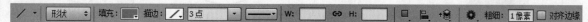

3.2.6 自定形状工具

"自定形状工具"可以绘制出丰富的图案形状，Photoshop在预设中提供了大量的矢量形状供用户使用。它的工具选项栏与其他形状绘制工具的工具选项栏也基本相同，独有一个"自定形状"选择工具不同。

"自定形状"选择工具用于选择需要绘制的图形形状。

"自定形状工具"还可以另外从网上下载载入更多形状到"自定形状"中。

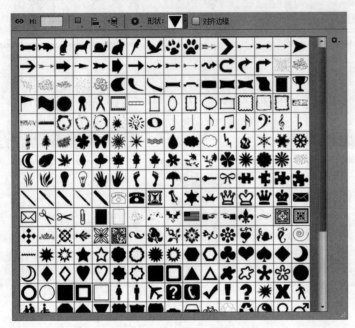

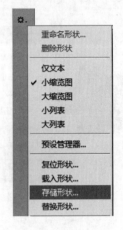

3.2.7 钢笔工具

在绘制形状时，对于一些毫无规则的形状，就需要使用"钢笔工具"来进行绘制。"钢笔工具"可以绘制出任意形状的路径，也可以对原来的路径进行更改。"钢笔工具"的参数设置与其他绘图工具类似。

用"钢笔工具"绘制的路径由一个或多个直线或曲线组成，每个线段的起点和终点各由一个锚点标记。用"钢笔工具"绘制的路径可以是封闭的，也可以是开放的，而且端点的类型可以根据需要进行设置。拖曳锚点和其方向点，可以改变路径的形状。

路径有两种不同类型的锚点，分别为角点锚点和平滑点锚点。角点锚点下的路径会突然改变方向。在平滑点锚点的路径中，路径段之间连接路径为连续的曲线。

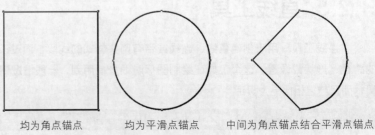

均为角点锚点　　　　均为平滑点锚点　　　中间为角点锚点结合平滑点锚点

第4章

让图标质感提升的功能

本章主要讲解Photoshop中的十大图层样式和布尔运算。图层样式是构成各种效果的工具，希望读者可以掌握。布尔工具是制作一些图形的基础，如果想要自主地制作基础图标图形，那就要掌握好布尔运算的基础知识。

* 掌握斜面和浮雕   * 掌握渐变叠加   * 掌握投影

* 掌握布尔运算   * 实操布尔实战

4.1 必备的十大样式

在绘制完图标的基础形状以后，可以为形状添加各种样式来达到特殊的效果，使图标看起来更具质感。Photoshop中提供了10种图层样式来模拟各种效果，可以通过它们来添加形状的纹理、色彩、光泽和阴影等质感，构成现实世界中物体的质感。这里主要了解各个样式的作用效果是什么，后面不同的案例中会真正学习样式具体的效果。

4.1.1 斜面和浮雕

"斜面和浮雕"主要用于制作物体的高光和阴影效果，包括内斜面、外斜面、浮雕效果、枕状浮雕和描边浮雕表现形式。在众多的图层样式中，"斜面和浮雕"的使用频率很高，也较难掌握。

"斜面和浮雕"样式分为"结构"和"阴影"两个部分，在"结构"选项组中可以从"样式"中选择外斜面、内斜面、浮雕效果、枕状浮雕和描边浮雕5种类型，它们主要控制需要制作的效果的大体方向。

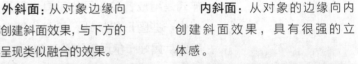

外斜面：从对象边缘向外部创建斜面效果，与下方的图层呈现类似融合的效果。

内斜面：从对象的边缘向内创建斜面效果，具有很强的立体感。

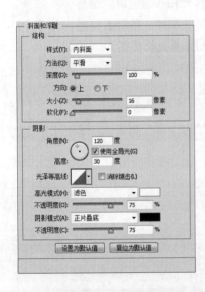

浮雕效果：浮雕效果使对象和下方的图层同时产生斜面效果。

枕状浮雕：枕状浮雕效果类似嵌入下方图层的效果。

描边浮雕：只有先添加了"描边"样式才能使用，该浮雕效果只影响描边中的内容，不影响其他内容。

■ 结构

"结构"选项组中包含多个设置选项，主要用于构造浮雕效果的外形。

"深度"必须和"大小"配合使用，在"大小"参数一定的情况下，"深度"可以调整斜面的光滑程度。

"软化"决定了浮雕效果与形状的过渡效果。

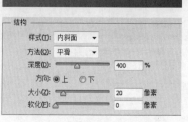

同"大小"不同"深度"

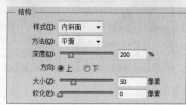

同"深度"不同"大小"

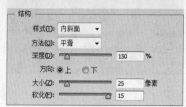

不同"软化"的效果

"方法"提供了3种选择，分别是平滑、雕刻清晰和雕刻柔和。"平滑"模糊边缘，不能保留较大斜面的细节；"雕刻清晰"保留清晰的雕刻边缘，适合用于边缘清晰的图像；"雕刻柔和"介于两者之间，主要用于较大范围的对象边缘。"方法"最好搭配"软化"使用。

平滑

雕刻清晰

雕刻柔和

- 阴影

"阴影"选项组中的选项用于设置图像中浮雕效果的高光和阴影。在该选项组中通过对高光和阴影的混合模式、颜色和不透明度的控制，来呈现出想要的浮雕效果。

简单地说"高光模式"控制左上角的白色区域的不透明度，"阴影模式"控制右下角的黑色区域的不透明度。

 提示

"光泽等高线"应该在将Photoshop运用得非常纯熟的时候进行深度学习，以免造成不必要的学习负担。而"等高线"类似"光泽等高线"。"纹理"就是给对象叠加一个纹理效果，调整纹理的缩放和深度可以制作出不同的效果。

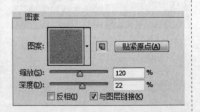

4.1.2 描边

　　"描边"样式的设置非常直观和简单，就是沿着图层中非透明对象的边缘进行轮廓的创建。"结构"选项组中的"大小"可以控制描边粗细，"位置"决定了描边位置，这些可以根据需要进行选择。在需要创建一个规定大小的图标，同时又需要利用描边制作效果时，可以使用"内部"选项。

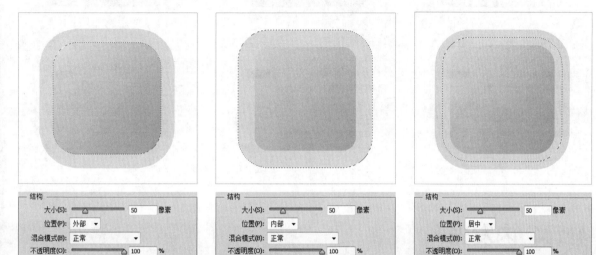

　　在"描边"中可以利用"不透明度"和"混合模式"来控制描边所呈现出来的透明程度。"填充类型"是该样式中较为重要的选项，它有3种填充方式，分别是"颜色""渐变""图案"，都是用来设定轮廓填充方式的，其实这3种方式就等同于"图层样式"中的"颜色叠加""渐变叠加""图案叠加"。

4.1.3 内阴影

　　"内阴影"主要用于制作一种凹陷的效果。应用了内阴影后，将会紧靠着图层内容的边缘向内添加阴影，使图层内容具有凹陷效果。

　　"内阴影"和"投影"参数选项大都是一样的，差别在于"内阴影"是在物体内部，"投影"是在物体外部。

　　"距离""大小""不透明度"需要互相协作来模拟出真实的内阴影效果。

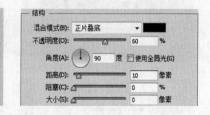

同"大小"不同"距离"参数

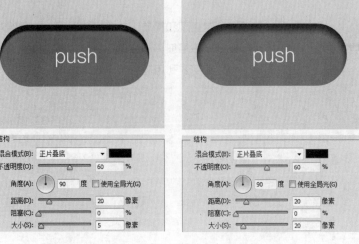

同"大小"不同"距离"参数　　　　　同"距离"不同"大小"

4.1.4 内发光

　　"内发光"主要用于提升对象的内部层次感。添加了"内发光"样式以后的对象会多出一个可供调节的层次。

- 结构

　　在"结构"选项组中，"杂色"可以给内发光的内容添加杂色的效果，可以用来制作一种破碎的效果。

　　"颜色"控制内发光的颜色，可以利用颜色的变换来模拟各种效果。

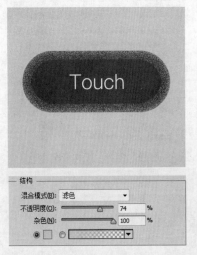
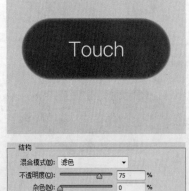

- 图素

"图素"选项组中的"方法"选项中包含的两个选项，主要用于调节强弱，"精确"的穿透力更强，"柔和"的穿透力较弱，在实际使用时调整到适合的即可。

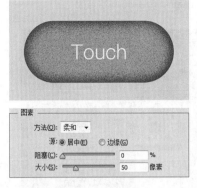
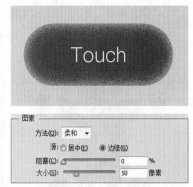

4.1.5 光泽

"光泽"主要用于创建对象的光滑表面。"光泽"的调整选项不多，但是很难准确地把握，微小的调整都会让效果整体发生变化，算是图层样式中较难控制的样式。

"光泽"可以在对象的上方添加一个波浪形，类似绸缎的效果。在添加了"光泽"效果后，根据对象的形状不同，"光泽"的效果也完全不同。学习初期和中期建议读者不必过多地了解，徒增理解难度。"光泽"样式的使用率也是众多样式中较低的。

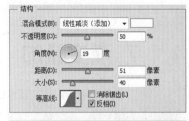

4.1.6 颜色叠加

"颜色叠加"用于更改对象的整体颜色。在Photoshop中"颜色叠加"是最简单、最易理解的一个样式，即改变对象的颜色，可以很好地改变位图类型对象的颜色，并且不会影响图片品质。

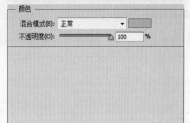

"混合模式"算是"颜色叠加"中变量较大的一个参数。

4.1.7 渐变叠加

　　"渐变叠加"用于制作高质感的效果。"渐变叠加"的原理和"颜色叠加"完全一样，不过叠加的是渐变色，非单一颜色。参数设置方法与"颜色叠加"也是完全一样的。本书中的实战对"渐变叠加"的运用很多，可以在实战中学习它的具体运用方法。

　　在"渐变叠加"中，"混合模式"较为重要，在考虑本体颜色的情况下，搭配不同的混合颜色可以设计出不同的效果。"不透明度"在某些时候也会起到决定性的作用，决定了效果的轻重。"渐变"决定了整体的效果，所以在调出了好的颜色以后可以将其保存起来，以备将来使用。"角度"其实是很容易被忽视的一个重点，在Photoshop的图层样式中，角度发生变化，整个设计都会产生很大的变化。

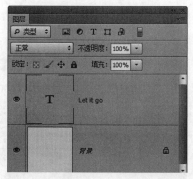

"渐变叠加"搭配"投影"

"样式"是较为灵活的选项，包括线性、径向、角度、对称的和菱形5种类型。

线性

径向

角度

对称的

菱形

> 🔔 **提示**
>
> Photoshop中也有一个自带的"渐变工具"，该工具与"渐变叠加"样式相比，"渐变叠加"更加灵活，"渐变叠加"可以随时任意修改所有参数，可控制性很强。而使用"渐变工具"在拉出渐变效果后，重新设置参数才能产生新的渐变效果，可控制性很低。日常最好使用"渐变叠加"图层样式，尽量少使用"渐变工具"。

4.1.8 图案叠加

"图案叠加"主要用于各种花样的填充，可以快速地为对象添加各种纹理和图案效果。"图案叠加"可以为对象贴上皮革、金属、木纹等素材，让制作对象更接近物体本身的纹理。

Photoshop中包含多种预设的图案，可以根据需要在"图案"拾色器中进行选择，在齿轮图标中可以选择更多的样式。

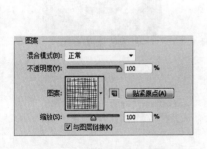

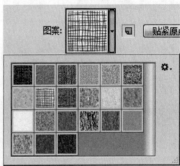

4.1.9 外发光

"外发光"可以增强对象外部边缘的光晕效果。

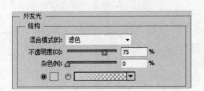

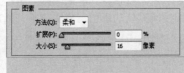

"结构"选项组用于设置外发光样式的颜色和光照强度，"结构"选项组和"图素"选项组中的参数与其他样式的相同参数几乎没有什么差别。

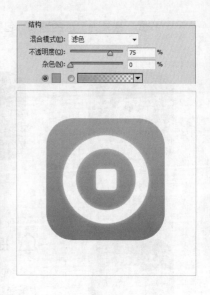

4.1.10 投影

"投影"可以增强对象的立体质感。创建投影后，对象的下方会出现一个轮廓与对象内容相同的"影子"，"投影"可以控制这个影子的偏移量、深浅、发散程度等。

在制作投影时，新手很容易将投影效果制作得很脏。有时候人们误以为影子一定是黑色的，但其实在制作投影时，投影的颜色和角度也起到了关键性的作用。好的参数设置可以让图形质感倍增。

默认的"不透明度"数值偏高，大多数情况下建议调低一点，让投影看起来更柔和。

"角度"建议设置为90°或45°的倍数，这样可以让画面更协调。

"颜色"是投影的重点，很多人都使用默认的黑色，其实在某些情况下最好能更改这个颜色，如图标是红色，那就使用一个很深的红色作为投影颜色，让投影带上一点环境光。通俗地说，就是先选择你的背景色，然后打开"拾色器"，把颜色往黑色拉就可以了，但是不要拉到最黑。

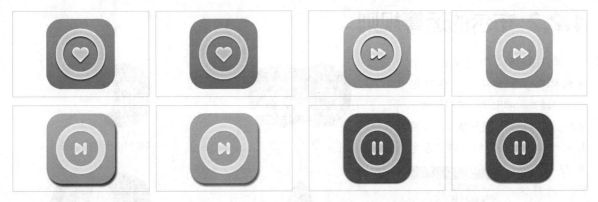

几组投影对比

4.2 灵活的布尔运算

　　简单的布尔运算对于读者来说不是很难理解，其实就是加、减、交集、排除。之前的章节已经讲过简化图标的方法，其实布尔运算就是使用同样的方法，先观察物体的特点，然后根据特点来布尔出抽象化的物体。

4.2.1 什么是布尔工具

　　布尔运算是绘制规则的形状，然后以合并、减去、相交、排除的方式得到新的形状。这种运算的好处是，绘制出来的组合形状是矢量图形，任意放大和缩小都不会模糊。这种形状是由多个形状组成的，所以后期很容易调整。同时因为是由规则形状组合而成的图形，所以绘制出的作品视觉上也非常的标准。

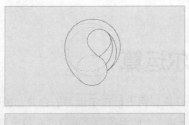

4.2.2 布尔的运算规则

接下来用几个简单的图形来解释布尔运算中的"合并形状""减去顶层形状""与形状区域相交""排除重叠形状"。"合并形状组件"就是将所有路径合并为一个路径，合并之后不能再单独对路径进行调整。

合并形状（合并）

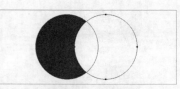

减去顶层形状（减去）

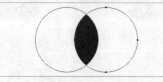

与形状区域相交（相交）

排除重叠形状（排除）

4.2.3 布尔运算的条件

在简单了解布尔以后，读者对布尔应该不算陌生了，但是在制作一些复杂的图形时，可能就会出现各种各样的问题。其实出现这些问题无非就是因为对基础知识掌握不牢固，注意到以下几点，在进行布尔运算时基本不会出现太大的错误。

布尔运算的图形必须在同一个图层当中，不同的图层是不能进行布尔运算的。

在同一个图层当中，绘制的形状路径是有先后之分的，后面的路径一定是在先画的路径的上面的，类似于图层，但是没有被细分成一个一个的图层，当然和图层一样，路径的顺序是可以被调整的。

一定要选中你所运算的图层，因为在你使用选择工具的时候很容易因为单击而跳到另外一个形状图层。

理解以上内容以后，布尔应该已经不算什么问题了。

🔔 提示

说了这么多，其实要想掌握布尔就只有一个方法，动手画，画得越多，掌握得就越好。

4.2.4 如何进行布尔运算

下面先以一个简单的示例操作来介绍如何进行布尔运算的合并、减去、相交和排除，希望读者可以根据操作步骤亲自动手来制作，感受布尔运算。之后会用两个稍难的布尔运算实战来教导读者如何进行更复杂的布尔运算。

01 **新建画布** 在Photoshop中随意创建一个画布。

02 **创建椭圆** 在画布上随意绘制一个圆形（"形状"模式）。

03 **合并** 选择合并形状（也可以按住Shift键），然后绘制一个椭圆，这就是合并。

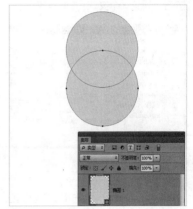

🔔 **提示**

　　图形绘制好以后，可以通过"路径选择工具"来选择路径，选中"路径选择工具"以后可以任意调整当前选择的路径，包括改变它的布尔运算规则。

04 **减去** 选择"路径选择工具"，然后选择第二个椭圆，再在"路径操作"中选择"减去顶层形状"，这就是减去。

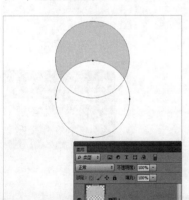

05 **相交** 选择"路径选择工具"，然后选择第二个椭圆，再在"路径操作"中选择"与形状区域相交"，这就是相交。

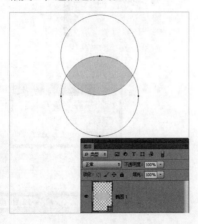

06 **排除** 选择"路径选择工具"，然后选择第二个椭圆，再在"路径操作"中选择"与排除重叠形状"，这就是排除。

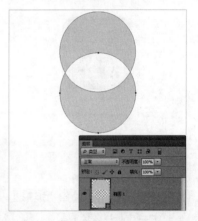

实战：布尔书本图标

» 源文件路径　　CH04>布尔书本图标>布尔书本图标.psd
» 素材路径　　　无

01 新建文档 执行"文件>新建"命令，在打开的"新建"对话框中设置参数，然后单击"确定"按钮，新建一个文档。

02 绘制矩形 选择"圆角矩形工具"，然后在画布上单击创建一个圆角矩形。

03 绘制矩形 选择"矩形工具"，然后在画布上单击，绘制出一个矩形。

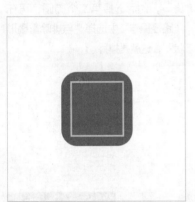

04 绘制椭圆 选择"椭圆工具"，然后在画布上绘制一个较大的椭圆放置在合适的位置（以上都是在单独的图层中绘制）。

05 复制路径 选择"路径选择工具"，然后按住Alt键将椭圆向右移动至合适位置（当前两个椭圆处于同一图层，因为是复制的路径）。

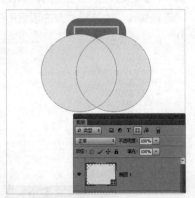

06 执行相交 选择"矩形工具"，在"路径操作"中选择"与形状区域相交"，然后绘制一个矩形，再使用"路径选择工具"将其移动至与刚才绘制的矩形重叠，接着隐藏之前的矩形图层。

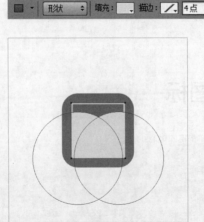

07 执行相减 选择"路径选择工具"，然后选择两个椭圆的路径，再按住Alt键将其向下移动，接着在"路径操作"中选择"减去顶层形状"。

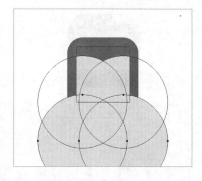 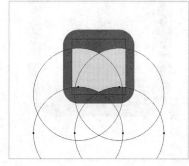 

🔔 **提示**

　　如果对形状不满意，可以选择"路径选择工具"，先选中一条路径，再按住Shift键以加选路径的方式调整路径位置。

08 绘制圆角矩形 选择"圆角矩形工具"，然后在"路径操作"中选择"合并形状"，在书本左侧绘制一个圆角矩形（可以先大概绘制一个，然后通过"直接选择工具"来调整锚点）。

09 复制圆角矩形 选择"路径选择工具"，然后按住Alt键向右复制圆角矩形的路径。

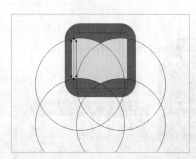

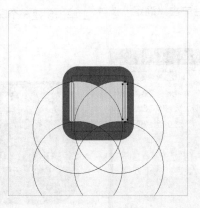 

10 复制圆角矩形 选择"路径选择工具"，然后按住Alt键复制圆角矩形的路径至书本中心，再在"路径操作"中选择"减去顶层形状"。

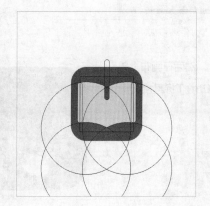 

11 复制圆角矩形 选择"路径选择工具",然后按住Alt键复制圆角矩形的路径至书本夹页两侧,再在"路径操作"中选择"合并形状"。

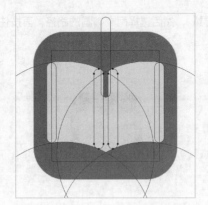

实战:布尔音乐图标

» 源文件路径　　CH04>布尔音乐图标>布尔音乐图标.psd
» 素材路径　　　无

01 新建文档 执行"文件>新建"命令,在打开的"新建"对话框中设置参数,然后单击"确定"按钮,新建一个文档。

02 绘制矩形 选择"圆角矩形工具",然后在画布上单击创建一个圆角矩形。

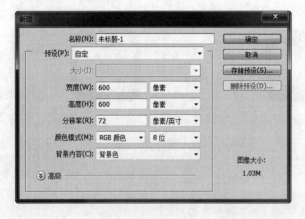

03 绘制椭圆 选择"椭圆工具",然后在画布上单击,绘制出一个椭圆,接着按快捷键Ctrl+T将其旋转一定角度。

04 绘制圆角矩形 选择"圆角矩形工具",然后在"路径操作"中选择"合并形状",在画布上绘制一个圆角矩形(随意绘制,形状接近就可以)。

05 绘制圆形 选择"椭圆工具",绘制一个椭圆,椭圆大小决定了音符尾巴的大小(位于新的图层)。

06 执行减去 选择"椭圆工具",然后在"路径操作"中选择"减去顶层形状",然后绘制一个圆形。

 提示

使用"路径选择工具"选择路径以后,可以按快捷键Ctrl+T来自由变换路径的大小,不会影响其他路径。

07 执行相交 选择"椭圆工具",然后在"路径操作"中选择"与形状区域相交",然后绘制一个圆形。

08 绘制圆 选择"椭圆工具",然后在新的图层中绘制一个圆形。

09 执行减去 选择"椭圆工具",然后在"路径操作"中选择"减去顶层形状",然后绘制一个圆形。

10 执行相交 选择"椭圆工具",在"路径操作"中选择"与形状区域相交",然后绘制一个圆形。

11 微调图形 使用"路径选择工具"选择路径,微调各个图形的位置和大小。

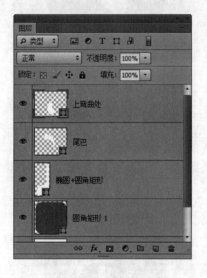

第5章

图标辅助效果的掌握

本章主要讲解实现各种图标效果的方法，各个案例中会涉及很多不同参数的调整，而参数调整不是学习的主要目的，因为在不同的案例中或是在不同的形状下，参数的调整效果都会有所差别，而理解各个参数的作用才是学习的真正目的。

* 制作弥散阴影效果　　　* 制作内缺角阴影　　　* 制作长阴影

* 调出金属效果　　　　　* 制作木纹和水波纹效果

* 添加高光和倒影效果　　* 制作磨砂和画中画效果

5.1 弥散阴影

　　弥散阴影是近年来很流行的设计效果，制作的方法很简单。弥散阴影效果非常生动，有一种萌萌的感觉，与制作弥散阴影的对象搭配起来也很和谐，而普通的"投影"图层样式与之相比就显得比较古板。

　　如果弥散阴影效果控制得不是很好，那么弥散阴影不宜过多地出现在画面中，在主要的组件中使用就可以了，不然会让画面显得非常杂乱。

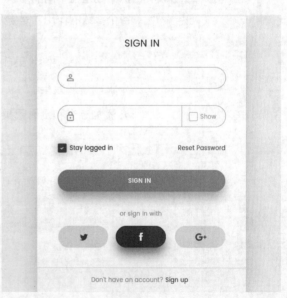

实战：弥散阴影

» 源文件路径　　CH05>弥散阴影>弥散阴影.psd
» 素材路径　　　　无

01 **新建文档** 执行"文件>新建"命令，在打开的"新建"对话框中设置参数，然后单击"确定"按钮，新建一个文档。

02 **创建圆角矩形** 选择"圆角矩形工具"，然后设置填充颜色为（R254，G201，B56），接着在画布中间单击鼠标，新建一个圆角矩形。

03 **复制图层** 选择"圆角矩形 2"图层，然后按快捷键Ctrl+J复制一次，接着选择下方的"圆角矩形 2"图层，将其向下移动20像素，再设置图层的不透明度为40%。

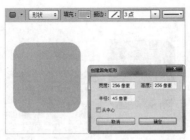

04 **制作效果** 继续选择下方的"圆角矩形 2"图层，然后在"属性"面板中设置它的羽化值为10像素。

05 **添加文本** 选择"横排文字工具"，然后在图层的最上方、图标的正中位置添加文本，文本颜色为白色（文本的大小和类型可以随意设置）。

06 **制作展示效果** 为了将图标设计得更加好看，可以为图标添加一个渐变展示背景。

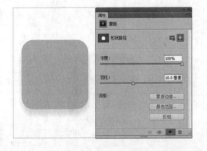

🔔 **提示**

制作弥散阴影主要需要把握阴影的距离、羽化的数值和不透明度。

实战：渐变弥散阴影

» 源文件路径　　CH05>渐变弥散阴影>渐变弥散阴影.psd
» 素材路径　　　无

01 **新建文档** 执行"文件>新建"命令，在打开的"新建"对话框中设置参数，然后单击"确定"按钮，新建一个文档。

02 **创建圆角矩形** 选择"圆角矩形工具"，随意设置颜色，然后在画布中间单击鼠标，新建一个圆角矩形。

03 **制作渐变叠加** 选择"圆角矩形 2"图层，然后执行"图层>图层样式>渐变叠加"命令，再在弹出的图层样式对话框中设置参数，渐变颜色为从（R247, G71, B144）到（R255, G205, B0）。

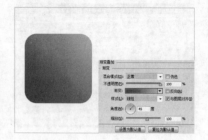

04 **复制图层** 选择"圆角矩形 2"图层，然后按快捷键Ctrl+J复制一次，接着选择下方的"圆角矩形 2"图层，将其向下移动30像素，再设置图层的不透明度为50%。

05 **缩小阴影** 继续选择下方的"圆角矩形 2"图层，然后按快捷键Ctrl+T进行自由变换，再在选项栏中将圆角矩形的宽度和高度缩小为90%，接着按Enter键确认变换。

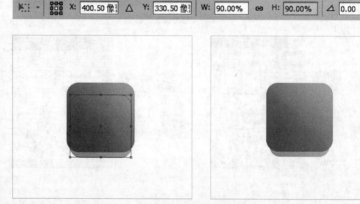

06 **制作效果** 继续选择下方的"圆角矩形 2"图层，然后在"属性"面板中设置它的羽化值为15像素。

07 **添加文本** 选择"横排文字工具"，然后在图层的最上方、图标的正中位置添加文本，文本颜色为白色。

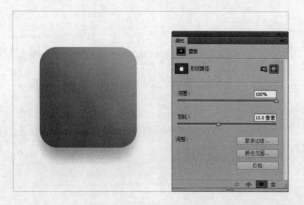

08 制作展示效果 为了将图标设计得更加好看，可以为图标添加一个渐变展示背景。

🔔 **提示**

    渐变弥散阴影和普通阴影的区别在于，弥散阴影可以根据对象模拟出环境光的感觉，可以让弥散出的阴影效果更加真实，但是这种方法只适用于矢量对象。如果是普通的位图对象，可以将其转换为智能对象，然后对其进行"高斯模糊"处理，模拟出弥散阴影的效果。

5.2 内缺角阴影

内缺角阴影常用于控件类图标，可以让图标看起来更加生动。

实战：比萨内缺角阴影

» 源文件路径　　CH05>比萨内缺角阴影>比萨内缺角阴影.psd
» 素材路径　　　CH05>比萨内缺角阴影>比萨.png

01 新建文档　执行"文件>新建"命令，在打开
的"新建"对话框中设置参数，然后单击"确定"按
钮，新建一个文档。

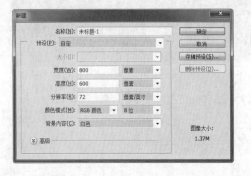

02 创建椭圆　选择"椭圆工具"，然后在画布中
单击鼠标，创建一个椭圆。

03 添加效果　选择"椭圆 1"
图层，然后执行"图层>图层样式
>渐变叠加"命令，再在弹出的图
层样式对话框中设置参数，渐变
颜色为从（R248，G39，B83）到
（R246，G74，B155）。

04 导入素材　执行"文件>打
开"命令，打开"比萨.png"素材
并拖曳到当前文档中。

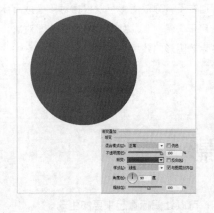

05 制作阴影　选择"椭圆
工具"，然后在"比萨"图层
的上方绘制出一个椭圆，绘制
可以随意一点，接着按快捷键
Ctrl+Alt+G将其作为剪贴蒙版作
用于"比萨"图层。

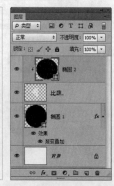

06 制作效果
选择椭圆阴影图层，然后执行"图层>图层样式>渐变叠加"命令，再在弹出的图层样式对话框中设置参数，渐变颜色为从黑色到白色，接着改变图层的不透明度为20%。

   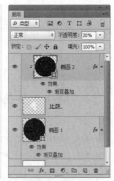

07 制作其余阴影
选择"椭圆工具"，然后绘制出剩下的椭圆，同样按快捷键Ctrl+Alt+G将其作为剪贴蒙版作用于下方图层。

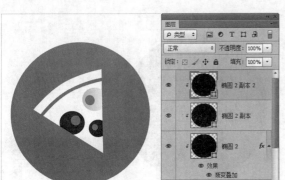

08 复制效果
选择最下方的阴影图层，然后执行"图层>图层样式>拷贝图层样式"命令。

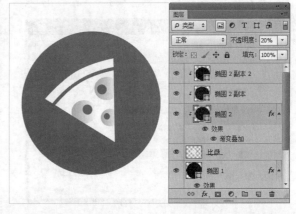

09 粘贴效果
选择上方的两个椭圆图层，然后执行"图层>图层样式>粘贴图层样式"命令。

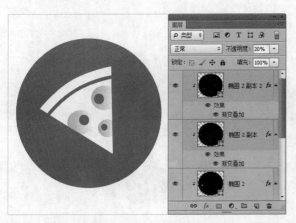

10 制作展示效果
为了将图标设计得更加好看，可以为图标添加一个渐变展示背景。

实战：剪刀内缺角阴影

» 源文件路径　　CH05>剪刀内缺角阴影>剪刀内缺角阴影.psd
» 素材路径　　　CH05>剪刀内缺角阴影>剪刀.png

01 新建文档 执行"文件>新建"命令，在打开的"新建"对话框中设置参数，然后单击"确定"按钮，新建一个文档。

02 创建椭圆 选择"椭圆工具"，然后在画布中单击鼠标，创建一个椭圆。

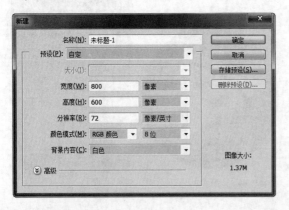

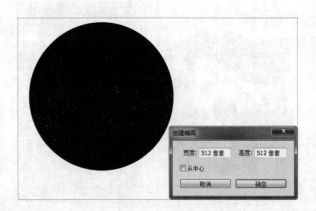

03 添加效果 选择"椭圆 1"图层，然后执行"图层>图层样式>渐变叠加"命令，再在弹出的图层样式对话框中设置参数，渐变颜色为从（R23，G210，B181）到（R34，G212，B214）。

04 导入素材 执行"文件>打开"命令，打开"剪刀.png"素材并拖曳到当前文档中。

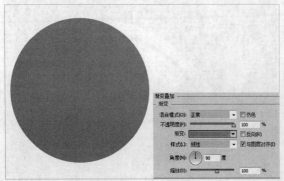

05 制作阴影 选择"钢笔工具",在"剪刀"图层的上方绘制出阴影图形,阴影稍大于剪刀(绘制过程中配合"转换点工具"调整边缘和"直接选择工具"移动锚点)。

06 制作效果 选择阴影图层,然后执行"图层>图层样式>渐变叠加"命令,再在弹出的图层样式对话框中设置参数,渐变颜色为从白色到黑色。

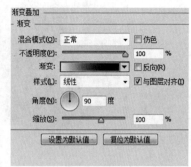

07 调整效果 选择阴影图层,然后按快捷键Ctrl+Alt+G将其创建为剪贴蒙版,接着设置图层不透明度为40%。

08 复制阴影 选择阴影图层,然后按快捷键Ctrl+J复制一次,接着执行"编辑>变换路径>水平翻转"命令,再将其向右移动与右边剪刀贴合。

09 创建剪贴蒙版 选择复制出来的阴影图层,然后按快捷键Ctrl+Alt+G将其作为剪贴蒙版作用于原阴影图层。

10 添加蒙版 选择复制出来的阴影图层,然后使用"多边形套索工具"选择需要遮罩的部分,接着执行"图层>图层蒙版>隐藏选区"命令将选区的内容隐藏。

11 制作剪刀把手 选择"椭圆工具"，然后按快捷键Ctrl+T用自由变换工具在把手的位置绘制一个椭圆。

12 添加剪贴蒙版 选择"椭圆 2"图层，然后按快捷键Ctrl+Alt+G将其作为剪贴蒙版作用于下方的阴影图层，接着改变它的图层不透明度为40%。

13 制作效果 选择"椭圆 2"图层，然后执行"图层>图层样式>渐变叠加"命令，再在弹出的图层样式对话框中设置参数，渐变颜色为从白色到黑色。

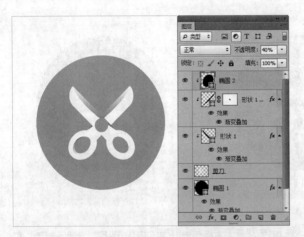

14 复制椭圆 选择"椭圆 2"图层，然后按快捷键Ctrl+J将其复制一次，接着执行"编辑>变换路径>水平翻转"命令，再将其向右移动与右边剪刀把手贴合，最后按快捷键Ctrl+Alt+G将其作为剪贴蒙版作用于下方的图层。

15 制作展示效果 为了将图标设计得更加好看，将展示背景填充为纯色，然后为图标增添外发光效果。

🔔 **提示**

内缺角阴影的阴影位置是学习的难点，平时可以通过多观察物体的特点或是多看别人的作品来掌握这一要点。

5.3 长阴影

　　长阴影就是扩展了对象的投影，感觉是光线照射下来的影子，通常采用角度为 45°的投影（也不一定全是45°，但是整套图标的角度要统一），给对象添加立体感。长阴影快速发展为流行的设计趋势，并经常被应用到扁平化设计方案的对象中。目前，长阴影效果主要用于较小的对象，如图标。

实战：简单长阴影

- » 源文件路径　　CH05>简单长阴影>简单长阴影.psd
- » 素材路径　　　CH05>简单长阴影>麋鹿.png

01 **新建文档** 执行"文件>新建"命令，在打开的"新建"对话框中设置参数，然后单击"确定"按钮，新建一个文档。

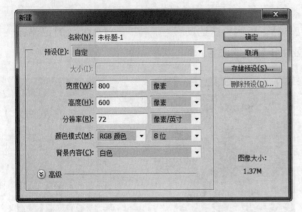

02 **制作背景** 设置前景色为（R222，G240，B222），然后按快捷键Alt+Delete为背景填充前景色。

03 **导入素材** 执行"文件>打开"命令，打开"麋鹿.png"素材并拖曳到当前文档中。

04 **复制图层** 选择麋鹿图层，然后按快捷键Ctrl+J将其复制一次，接着按快捷键Ctrl+U打开"色相/饱和度"对话框，设置明度为-100。

05 移动图层 选择复制出来的图层，然后把它移动到麋鹿图层的下方，命名为"阴影"。

06 编辑阴影 选择"阴影"图层，然后按快捷键Ctrl+T进行自由变换，将其向右、向下移动1像素，接着按Enter键确认变换。

07 添加阴影 按快捷键Ctrl+Alt+Shift+T再次变换阴影，将其向下移动20像素。

08 合并阴影 选择所有阴影图层，然后按快捷键Ctrl+E合并所有阴影。

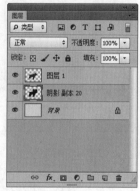

09 复制阴影 选择当前的阴影图层，然后按快捷键Ctrl+J将其复制一次，接着再次使用自由变换工具将其向右、向下移动15像素。

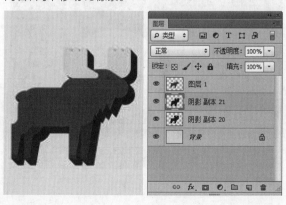

10 添加阴影 按快捷键Ctrl+Alt+Shift+T再次变换阴影，这次调整到刚好覆盖右下方的所有区域即可。

11 合并阴影 选择所有阴影图层，然后按快捷键Ctrl+E合并所有阴影，接着设置图层的不透明度为20%。

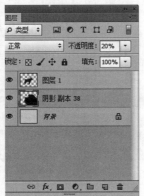

🔔 **提示**

　　这里介绍的制作方法，制作过程很简单，几乎适用于所有对象的长阴影制作，包括文字。在制作文字时，复制文字并将文字设置成黑色后，可以将文字栅格化再进行后续操作。这个方法的缺点是阴影不是矢量图形。

实战：质感长阴影

» 源文件路径　　CH05>质感长阴影>质感长阴影.psd
» 素材路径　　　CH05>质感长阴影>聊天.png

01 新建文档 执行"文件>新建"命令，在打开的"新建"对话框中设置参数，然后单击"确定"按钮，新建一个文档。

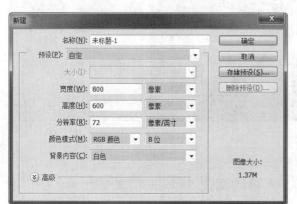

02 制作背景 设置前景色为（R31，G81，B122），然后按快捷键Alt+Delete为背景填充前景色。

03 导入素材 执行"文件>打开"命令，打开"聊天.png"素材并拖曳到当前文档中。

04 分离图层 选择"套索工具"，然后选择左边的部分，接着按快捷键Ctrl+Shift+J将选择的区域剪切到新的图层。

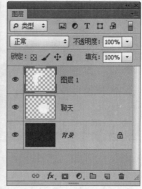

05 叠加颜色 选择剪切出来的图层，然后执行"图层>图层样式>颜色叠加"命令，为图层叠加蓝色（R62，G166，B251）。

06 绘制矩形 选择"矩形工具",然后在"背景"图层的上方绘制一个黑色矩形,命名为"阴影1"。

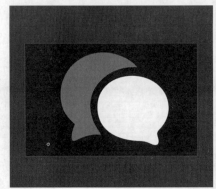

07 旋转矩形 选择"阴影1"图层,然后按快捷键Ctrl+T自由变换路径,设置旋转角度为45°。

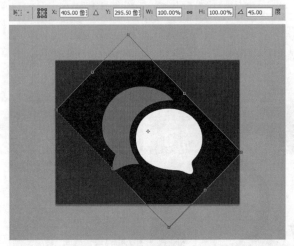

08 移动两边 移动矩形两边的位置,缩小矩形,使其边缘尽量与蓝色聊天图层最外边缘贴合(可以配合使用箭头工具微调),然后按Enter键确认变换。

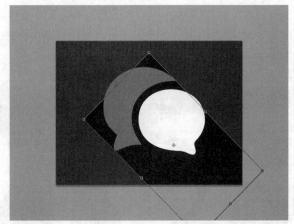

09 移动锚点 选择"直接选择工具",然后同时选中同侧的锚点,移动锚点位置。

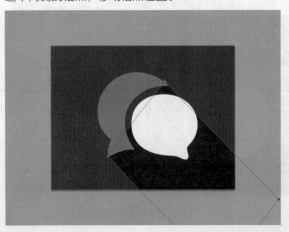

🔔 **提示**

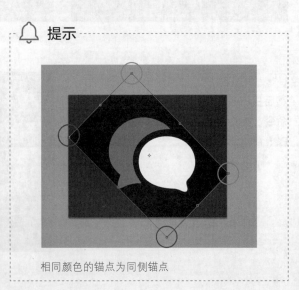

相同颜色的锚点为同侧锚点

10 填补阴影 选择"钢笔工具",然后在"阴影 1"图层下方补齐空余位置的阴影。

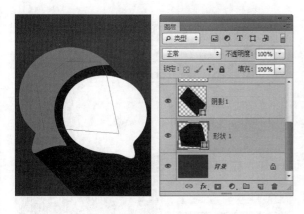

11 合并阴影 选择两个阴影图层,然后按快捷键Ctrl+E将它们合并。

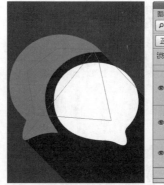

12 添加图层样式 选择"阴影 1"图层,然后执行"图层>图层样式>渐变叠加"命令,为阴影添加一个从不透明度为100%的黑色到不透明度为0%的黑色渐变,角度为-45°。

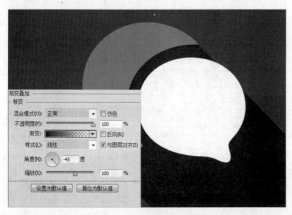

13 调整填充 选择"阴影 1"图层,然后设置它的图层不透明度为20%、填充为0%。

14 制作阴影 选择"矩形工具",然后在"阴影1"图层的上方新建一个黑色矩形,命名为"阴影2"。

🔔 **提示**

调整矩形阴影末端的锚点,可以控制阴影的范围。

15 **制作阴影效果** 用制作阴影1的方法，制作阴影2。这里为了美观，尽量将阴影2的右侧与阴影1的右侧贴合。

16 **绘制椭圆** 选择"椭圆工具"，然后在图层的最上方绘制一个椭圆，注意使椭圆居中于聊天图层。

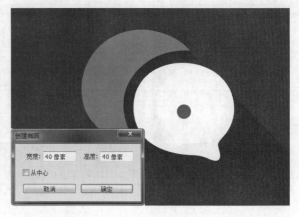

17 **复制椭圆** 按快捷键Ctrl+J将椭圆复制2次，然后分别向左、向右移动（实战中分别向左、向右移动30像素）。

18 **绘制矩形** 选择"矩形工具"，然后在3个椭圆图层下方绘制一个黑色矩形。

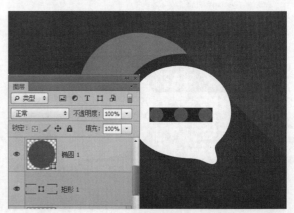

19 **制作阴影** 用制作其他阴影的方法，制作小圆的阴影。这里可以观察到阴影的末端有明显的线条，下一步将对其进行处理。

 提示

　　居中的快捷方法为选中两个图层，然后选择"移动工具"，在选项栏中进行居中处理。

20 编辑阴影 双击椭圆阴影的"渐变叠加",打开"图层样式"对话框,然后单击"渐变条",打开"渐变编辑器"对话框,接着调整右侧上、下两个色标的位置至50%(这个数值根据需要调整)。

21 复制阴影 按快捷键Ctrl+J将阴影复制2次,并分别向左、向右移动,普通的长阴影就制作完成了。接下来添加让阴影更具质感的效果。

22 添加阴影质感 这种方法适用于所有的投影,这种微小的视觉效果可以提升设计的层次。给所有的非阴影图层添加一个"投影"图层样式,然后设置图层不透明度为10%、角度为135°、距离为5像素、大小为5像素。

实战：文字长阴影

» 源文件路径　CH05>文字长阴影>文字长阴影.psd
» 素材路径　　无

01 **新建文档** 执行"文件>新建"命令，在打开的"新建"对话框中设置参数，然后单击"确定"按钮，新建一个文档。

02 **转换背景** 按住Alt键双击背景图层，将背景图层转换成普通图层，然后执行"图层>图层样式>渐变叠加"命令，给图层添加从（R201，G196，B193）到白色的渐变。

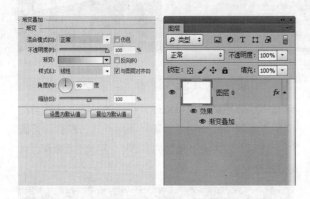

03 **制作图标背景** 选择"圆角矩形工具"，然后在画布上单击鼠标新建一个圆角矩形，填充颜色为（R252，G208，B95）。

04 **添加投影** 选择"圆角矩形 1"图层，然后执行"图层>图层样式>投影"命令，设置不透明度为20%、角度为90°、距离为15像素、大小为15像素。

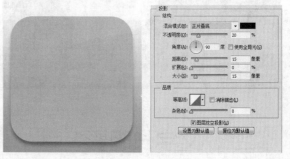

05 **添加外发光** 继续在"图层样式"对话框左侧的样式中选择"外发光"，设置颜色为（R252，G208，B95）、扩展为50%、大小为10像素。

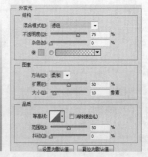

06 添加文本 选择"横排文字工具",然后在图层的最上方输入文本,文本类型为"方正粗圆简体"。

07 继续添加文本 选择"横排文字工具",然后在图层的最上方输入文本,文本类型为"Jokerman"。

> 🔔 **提示**
>
> 字体库中没有的字体类型可以通过搜索字体名称下载。

08 绘制矩形 选择"矩形工具",然后在"圆角矩形 1"图层的下方绘制一个黑色矩形,命名为"阴影1"。

09 编辑阴影 选择"阴影1"图层,然后按快捷键Ctrl+T自由变换路径,设置旋转角度为45°。

10 调整阴影 调整阴影两侧的位置,使之与圆角矩形的左下、右上点重叠(可以稍小于这两个点),然后向右下方水平移动阴影,接着按Enter键确认变换。

11 调整阴影不透明度 选择"阴影1"图层，然后设置它的不透明度为10%。

12 制作阴影 选择"钢笔工具"，在文字图层下方绘制阴影区域，这里要重点注意，在绘制时，按住Shift键可以绘制出45°角的锚点，将其命名为"阴影 2"。

🔔 **提示**

部分读者在绘制第2条45°边的时候可能会遇到掌握不好位置的情况，以下为解决办法。

先正常绘制，然后使用"直接选择工具"选择图中的两个锚点，向上移动即可

13 编辑阴影 选择"阴影 2"图层，然后设置它的图层不透明度为150%，接着按快捷键Ctrl+Shift+G将其作为剪贴蒙版作用于下面的图层。

14 制作阴影 选择"钢笔工具"，然后在"阴影2"图层的上方绘制一个新的阴影，命名为"阴影 3"。

提示

通过调整矩形阴影末端的锚点，可以控制阴影的范围。

15 制作阴影效果 选择"阴影 3"图层，然后设置它的图层不透明度为15%，接着按快捷键Ctrl+Shift+G将其作为剪贴蒙版作用于下面的图层。

16 添加阴影质感 接下来添加让阴影更具质感的效果。给所有的文字图层添加一个"投影"的图层样式，设置不透明度为10%、角度为135°、距离为5像素、大小为5像素。

17 制作展示效果 为了将图标设计得更加好看，可以为图标添加一个渐变展示背景。

5.4 金属效果

本节教读者制作两种不同的金属效果。

实战：拉丝金属效果

» 源文件路径　　CH05>拉丝金属效果>拉丝金属效果.psd
» 素材路径　　　CH05>拉丝金属效果>蝙蝠.png

01 新建文档　执行"文件>新建"命令，在打开的"新建"对话框中设置参数，然后单击"确定"按钮，新建一个文档。

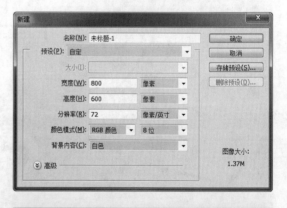

02 转换背景　按住Alt键双击背景图层，将背景图层转换成普通图层，然后执行"图层>图层样式>渐变叠加"命令，给图层添加从（R55，G55，B55）到（R118，G118，B118）到（R50，G50，B50）的渐变。

03 复制背景 选择背景图层,然后按快捷键 Ctrl+J复制背景图层,再执行"图层>智能对象>转换为智能对象"命令。

04 添加杂色 选择智能对象图层,然后执行"滤镜>杂色>添加杂色"命令,设置混合模式为叠加、不透明度为30%。

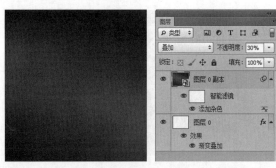

05 创建椭圆 选择"椭圆工具",然后在画布上单击新建一个椭圆。

06 添加渐变叠加 选择"椭圆 1"图层,然后执行"图层>图层样式>渐变叠加"命令,为椭圆添加白、黑、白、黑、白、黑、白的渐变叠加,渐变样式为角度。

07 添加投影 选择"椭圆 1"图层,然后执行"图层>图层样式>投影"命令,为椭圆添加投影效果,不透明度为40%、角度为135°、距离为5像素、大小为5像素。

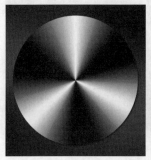

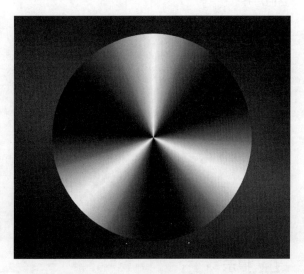

08 创建椭圆 选择"椭圆工具"，然后在图层最上方创建一个椭圆，命名为"拉丝"。

09 添加杂色 选择"拉丝"图层，然后将其转换为智能对象，接着执行"滤镜>杂色>添加杂色"命令，设置参数。

10 制作径向模糊 选择"拉丝"图层，然后执行"滤镜>模糊>径向模糊"命令。

11 调整不透明度 选择"拉丝"图层，然后设置它的不透明度为20%。

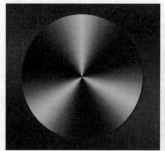

12 对齐中心 放大画布，观察两个椭圆的中心，发现没有对齐，这时使用移动工具调整"拉丝"图层将它们对齐。

🔔 **提示**

在这里就知道了，为什么刚才新建的拉丝圆要比本身的圆大，这是为了方便对齐中心，接下来再进行剪贴蒙版的处理。

13 创建剪贴蒙版 选择"拉丝"图层，然后按快捷键Ctrl+Alt+G将其作为剪贴蒙版作用于下面的图层。

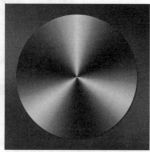

提示

在创建剪贴蒙版时，可能会遇到图层消失的情况，解决方法为双击下方的图层（也就是实战中的椭圆1）打开图层样式对话框，然后进行如图所示的设置。

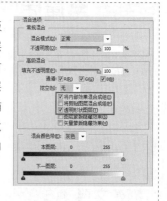

14 导入素材 执行"文件>打开"命令，打开"蝙蝠.png"素材并拖曳到当前文档中。

15 添加内阴影 选择蝙蝠图层，然后执行"图层>图层样式>内阴影"命令，不透明度为60%、角度为135°、距离为5像素、大小为3像素。

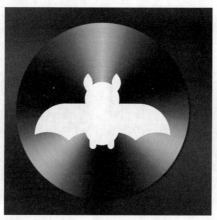

16 制作展示效果 为了将图标设计得更加好看，可以为图标添加展示背景。

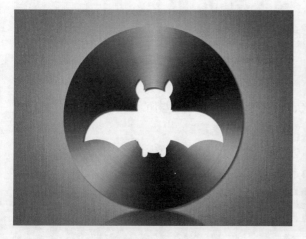
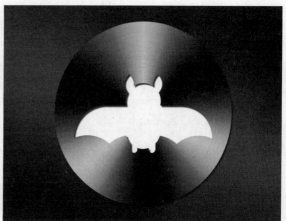

实战：金属质感效果

» 源文件路径   CH05>金属质感效果>金属质感效果.psd
» 素材路径   CH05>金属质感效果>浏览器.png

01 新建文档 执行"文件>新建"命令，在打开的"新建"对话框中设置参数，然后单击"确定"按钮，新建一个文档。

02 制作背景 设置前景色为（R190，G189，B187），然后按快捷键Alt+Delete为背景填充前景色。

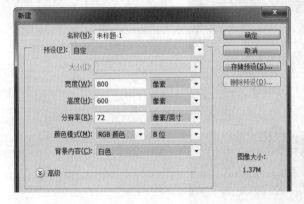

03 绘制圆角矩形 选择"圆角矩形"工具，然后在画布上单击，绘制出一个圆角矩形，这里采用的是描边绘制，不采用填充。

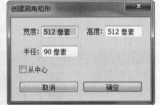

04 添加渐变叠加 选择"圆角矩形 1"图层，然后执行"图层>图层样式>渐变叠加"命令，给圆角矩形添加黑白相交的渐变。

05 添加投影 选择"圆角矩形 1"
图层，然后执行"图层>图层样式>投
影"命令，给圆角矩形添加投影效果，
投影量根据自己的需求来控制。

06 创建圆角矩形 使用"圆角矩形工具"，在"圆角矩形 1"图层上方绘制一个和"圆角矩形 1"大小一
样的圆角矩形，然后将其向上移动20像素。

07 添加渐变叠加 选择新创建的圆角矩形图层，然后执行"图层>图层样式>渐变叠加"命令，给圆角矩形
添加浅灰色与白色相交的渐变。

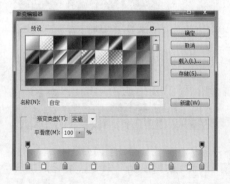  

08 制作金属边缘效果 继续选择
新创建的圆角矩形图层，然后执行"图
层>图层样式>斜面和浮雕"命令，给
圆角矩形添加斜面和浮雕效果，这里添
加斜面和浮雕效果是为了弱化锋利的边
缘，给予它的边缘一部分光泽效果，让
它与真实材质更接近。

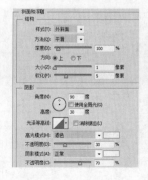 

09 制作底纹
选择"矩形工具",然后在两个圆角矩形图层的下方绘制深灰色(R83,G83,B83)矩形,矩形要稍大于圆角矩形的内侧边缘。

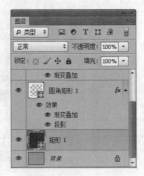

10 添加渐变叠加
选择"矩形1"图层,然后执行"图层>图层样式>渐变叠加"命令,给图层叠加一个从白色到黑色的渐变,混合模式为正片叠底、不透明度为30%、样式为径向。

11 添加杂色
选择"矩形1"图层,然后按快捷键Ctrl+J将其复制一次,再将其转换为智能对象,接着执行"滤镜>杂色>添加杂色"命令。

12 添加动感模糊
选择"矩形1副本"图层,然后执行"滤镜>模糊>动感模糊"命令,给它添加一个动感模糊效果。

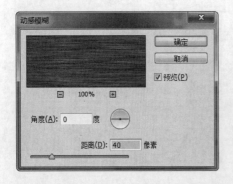

13 改变图层模式 继续选择"矩形 1副本"图层，然后改变它的混合模式为叠加。

14 制作竖纹效果 继续选择"矩形 1副本"图层，然后按快捷键Ctrl+J将其复制一次，接着双击"动感模糊"的名称，更改角度为90°。

🔔 **提示**

这里的部分步骤可以单独提取出来制作布艺效果，改为深蓝色就是牛仔布料。

15 导入素材 执行"文件>打开"命令，打开"浏览器.png"素材并拖曳到当前文档中。

16 添加渐变叠加 选择浏览器图层，然后执行"图层>图层样式>渐变叠加"命令，给图层添加从（R255，G255，B0）到（R255，G91，B0）到（R255，G255，B50）的渐变。

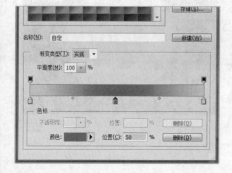

17 添加投影 选择浏览器图层，然后执行"图层>图层样式>投影"命令，给浏览器图层添加投影效果。

18 制作展示效果 为了将图标设计得更加好看，可以为背景添加不同的展示背景。

5.5 木纹和水波纹效果

纹理是在制作同类主题图标时常用的效果，可以通过执行"滤镜>扭曲"下的子命令或导入相应的素材进行创作。本节的实战中会分别使用滤镜和素材来制作木纹和水波纹效果。

实战：木纹效果

» 源文件路径　　CH05>木纹效果>木纹效果.psd
» 素材路径　　　CH05>木纹效果>短信.png

01 新建文档 执行"文件>新建"命令,在打开的"新建"对话框中设置参数,然后单击"确定"按钮,新建一个文档。

02 制作背景 设置前景色为(R241,G225,B212),然后按快捷键Alt+Delete为背景填充前景色。

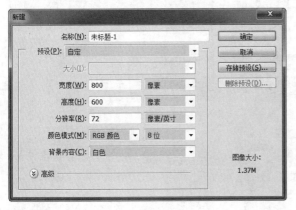

03 绘制多边形 选择"多边形工具",然后在画布上单击,绘制出一个多边形。

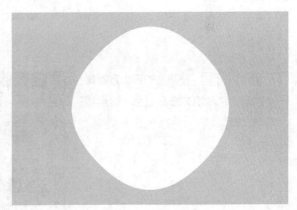

04 旋转多边形 选择多边形图层,然后按快捷键Ctrl+T自由变换路径,再在选项栏中设置旋转为-45°,接着按Enter键确认旋转。

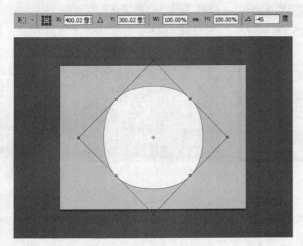

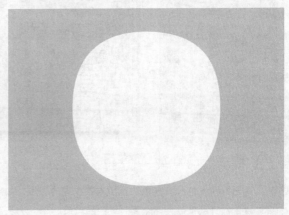

05 添加斜面和浮雕 选择"多边形 1"图层，然后执行"图层>图层样式>斜面和浮雕"命令，给多边形添加斜面和浮雕效果。这里主要设置阴影的不透明度，高光模式和阴影模式是为了制作图形的凸起效果。

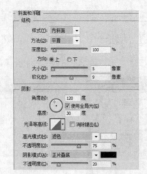

06 添加投影 选择"多边形 1"图层，然后执行"图层>图层样式>投影"命令，给图层添加一个投影效果。这里可以注意到"投影"的不透明度与"斜面和浮雕"中"阴影模式"的不透明度是一致的。

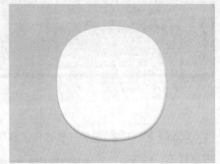

07 新建图层 在图层的最上方新建一个图层，然后填充任意颜色，这里填充的是白色。

08 制作纹理 设置前景色为（R234，G213，B140）、背景色为（R226，G196，B99），然后选择白色图层，再执行"滤镜>渲染>纤维"命令，设置纤维的参数。

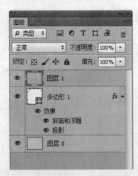
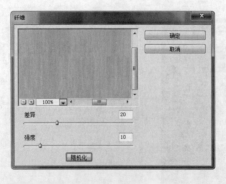

🔔 **提示**

　　这里的前景色和背景色决定了木纹纹理的深浅，如果需要较浅的纹理颜色就使用较为接近的颜色值，如果需要较深的纹理颜色就使用差距较大的颜色值。

09 添加动感模糊 继续选择该图层，然后执行"滤镜>模糊>动感模糊"命令，设置角度为90°、距离为最大。

10 制作弯曲纹理 继续选择该图层，然后使用"矩形选框工具"框选部分选区（随意框选），然后执行"滤镜>扭曲>旋转扭曲"命令，制作树的年轮效果（"旋转扭曲"的角度和位置根据实际效果确定）。

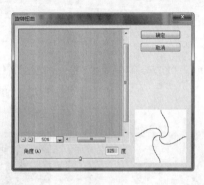

11 继续弯曲 继续使用"矩形选框工具"框选部分选区，然后配合使用"旋转扭曲"命令来制作年轮效果，这里只制作图标区域的纹理。

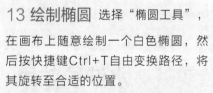

12 添加剪贴蒙版 选择纹理图层，然后按快捷键Ctrl+Alt+G将其作为剪贴蒙版作用于多边形图层。

13 绘制椭圆 选择"椭圆工具"，在画布上随意绘制一个白色椭圆，然后按快捷键Ctrl+T自由变换路径，将其旋转至合适的位置。

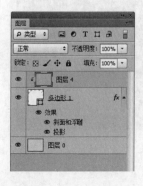

14 制作高光 选择"椭圆 1"图层,然后在"属性"面板中设置它的羽化为15 像素,在"图层"面板中设置它的不透明度为40%,接着按快捷键Ctrl+Alt+G将其创建为剪贴蒙版。

15 导入素材 执行"文件>打开"命令,打开"短信.png"素材并拖曳到当前文档中。

16 制作阴影 选择短信图层,然后执行"图层>图层样式>投影"命令,给图层添加一个投影效果。

17 制作展示效果 为了将图标设计得更加好看,可以为图标添加一个渐变展示背景。

实战: 水波纹效果

- » 源文件路径　　CH05>水波纹效果>水波纹效果.psd
- » 素材路径　　　CH05>水波纹效果>水.png、鹿.png

» 本实战相比之前的实战,难度稍大。制作时间较长,需要读者自己调试的参数较多,制作时需要一些耐心。

01 **新建文档** 执行"文件>新建"命令，在打开的"新建"对话框中设置参数，然后单击"确定"按钮，新建一个文档。

02 **制作背景** 按住Alt键双击背景图层，将背景图层转换成普通图层，然后执行"图层>图层样式>渐变叠加"命令，给图层添加从（R52，G54，B66）到（R44，G46，B53）的渐变，样式为径向。

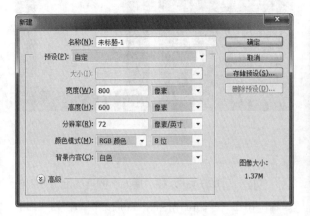

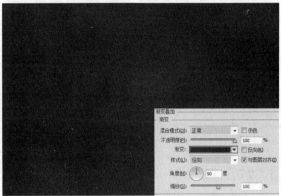

03 **制作杂色** 按快捷键Ctrl+J将背景图层复制一次，命名为"杂色"，然后将其转换为智能对象，再执行"滤镜>杂色>添加杂色"命令，设置参数，接着设置它的图层不透明度为15%。

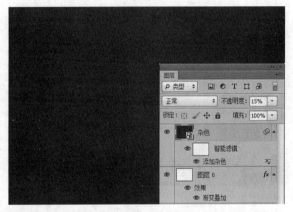

04 **创建圆角矩形** 选择"圆角矩形工具"，然后在画布上单击创建一个圆角矩形，颜色为（R208，G48，B56），命名为"底面"。

05 创建外框
选择"圆角矩形工具"，然后在画布上单击创建一个圆角矩形，位于"底面"图层之上，颜色为（R208，G48，B56），命名为"边框"（为方便读者观察，暂将"底面"图层改为白色）。

06 添加内阴影
选择"底面"图层，然后执行"图层>图层样式>内阴影"命令，给图层添加一个内阴影效果。

07 创建圆角矩形
在"底面"图层的上方分别创建两个和它一样的圆角矩形，然后分别命名为"红阴影"和"长阴影"，接着将它们的填充都设置为0%。下面开始为圆角矩形添加三重阴影，这是个绘制阴影的小技巧。

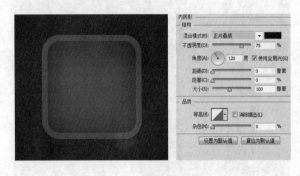

08 近光阴影
选择"底面"图层，然后执行"图层>图层样式>投影"命令，给它添加一个投影效果，模拟比较深的阴影效果。

09 颜色阴影
选择红阴影，然后执行"图层>图层样式>投影"命令，给它添加一个投影效果，混合模式为正常，颜色可以吸取最中心的红色，设置一个较低的不透明度。这一步是为了模拟图标本身反射出的一些颜色，让效果更为真实。

10 远光阴影 选择"长阴影"图层,然后执行"图层>图层样式>投影"命令,给它添加一个投影效果,模拟比较浅的阴影效果。

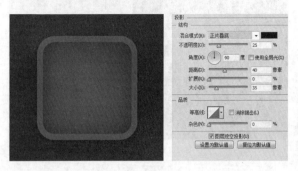

11 绘制外框 选择"外框"图层,然后执行"图层>图层样式>斜面和浮雕"命令,给它添加一个斜面和浮雕效果。

🔔 **提示**

在现实世界中,阴影本身就是不均匀且渐变的,因为阴影源自不同的光源,所以在绘制阴影时可以采用多重阴影重叠来模拟更加真实的效果。当然,对于不同的背景和环境,参数设置也不同,理解这种方法,对参数进行调整即可。

12 成组 选择3个底边图层,然后将它们编组,并命名为"底"。

13 绘制水的形状 选择"钢笔工具",然后在"底"组的上方绘制一个水的形状。先绘制一个直线形状,接着使用"转换点工具"将锚点进行完全处理,命名为"水-形状"。

14 导入素材 执行"文件>打开"命令,打开"水.png"素材并拖曳到当前文档中,命名为"水-素材"。

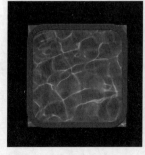

15 调整色相
选择"水-素材"图层，然后按快捷键Ctrl+U，调整它的色相为红色，并调低它的亮度，接着按快捷键Ctrl+Alt+G将其作为剪贴蒙版作用于"水-形状"图层。

16 复制图层
选择"水-形状"图层，然后按快捷键Ctrl+J将其复制一次，再命名为"水-光泽"，接着移动到"水-素材"图层的上方（可能会出现"水-素材"图层的剪贴蒙版被取消的情况，这时需要再创建一次剪贴蒙版）。

17 制作水面光泽
选择"水-光泽"图层，然后设置它的图层填充为0%，接着执行"图层>图层样式>描边"命令，给它添加一个从黑色到（R82，G82，B82）的渐变描边。

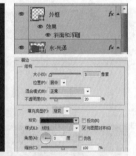

18 制作水体
选择"水-光泽"图层，然后执行"图层>图层样式>渐变叠加"命令，给它添加一个从白色到黑色的渐变叠加，混合模式为线性光、不透明度为5%、角度为90°。将3个水的图层进行编组，命名为"水"。

19 制作气泡
选择"椭圆工具"，然后在画布上单击，在"水"组的上方创建一个椭圆，颜色为（R208，G48，B56）。

20 制作水泡效果 选择"椭圆 1"图层，然后执行"图层>图层样式>描边"命令，给它添加一个描边。

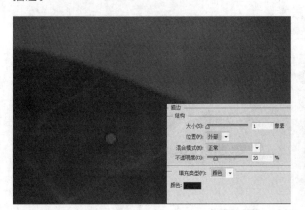

21 添加渐变叠加 选择"椭圆 1"图层，然后执行"图层>图层样式>渐变叠加"命令，给它添加一个从白色到黑的渐变叠加。

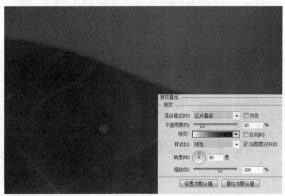

22 制作高光 选择"椭圆工具"，然后在"椭圆 1"图层的上方创建一个颜色为（R208，G48，B56）的矩形，接着执行"图层>图层样式>渐变叠加"命令，给它添加一个从白色不透明度为0%到白色不透明度为100%的渐变叠加。

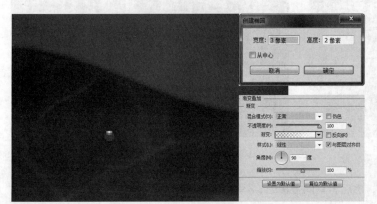 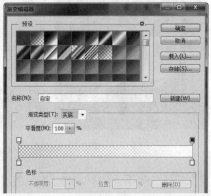

23 复制气泡 先将组成气泡的图层编组，然后按快捷键Ctrl+J复制气泡，按快捷键Ctrl+T自由变换路径改变气泡形状，并配合调整气泡的不透明度来创建更多的气泡。

24 导入素材
执行"文件>打开"命令，打开"鹿.png"素材并拖曳到当前文档中，命名为"鹿"，接着按快捷键Ctrl+J将其复制一次。

25 载入选区
按住Ctrl键单击"水-形状"图层的缩览图载入选区。

26 添加蒙版
选择"鹿"图层，然后单击"添加图层蒙版"按钮。

27 复制蒙版
按住Alt键拖曳蒙版至"鹿 副本"图层中，然后单击选中"鹿 副本"图层的蒙版，再按快捷键Ctrl+I反相。

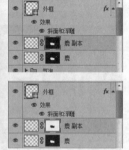

28 制作水下部分
选择"鹿"图层，然后将其向上移动1像素，接着执行"滤镜>扭曲>波纹"命令，给它添加一个波纹效果（波纹的数值根据实际情况调整，因为每一次创建波纹其抖动的图形都不同，所以有一个大致的效果就可以了），再设置它的图层不透明度为50%。

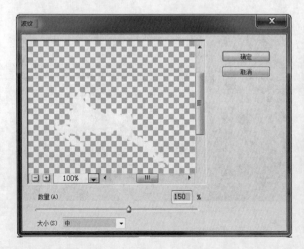

5.6 高光和倒影

　　高光可以让图标的部分区域有明显的浮出效果，可以让图标更有质感。倒影和阴影不同，倒影是种呈现出的效果，一个贴切的倒影效果可以让你的App更能吸引观者的眼球。

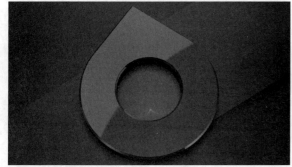

实战：高光效果

　» 源文件路径　　CH05>高光效果>高光效果.psd
　» 素材路径　　　CH05>高光效果>开关.png

01 新建文档 执行"文件>新建"命令，在打开的"新建"对话框中设置参数，然后单击"确定"按钮，新建一个文档。

02 **转换背景** 按住Alt键双击背景图层，将背景图层转换成普通图层，然后执行"图层>图层样式>渐变叠加"命令，给图层添加从白色到浅灰色的径向渐变。

03 **绘制椭圆** 选择"椭圆工具"，然后在画布上单击，绘制出一个椭圆，颜色为（R221，G219，B213）。

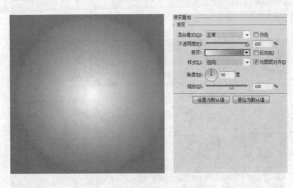

04 **添加内阴影** 选择"椭圆1"图层，然后执行"图层>图层样式>内阴影"命令，给它添加一个内阴影效果。

05 **制作厚度光** 选择"椭圆1"图层，然后执行"图层>图层样式>斜面和浮雕"命令，给椭圆添加斜面和浮雕效果，这里主要利用斜面和浮雕来制作图标的厚度光。

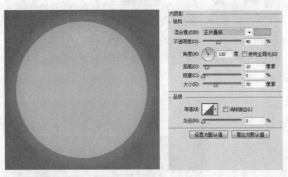

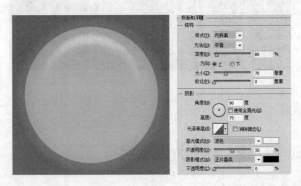

06 **调整填充** 选择"椭圆1"图层，然后设置它的填充值为20%。这里主要需要的是它的图层样式效果，所以弱化形状本身的透明值。

07 **绘制投影** 选择"椭圆1"图层，然后执行"图层>图层样式>投影"命令，给它添加一个投影的效果。

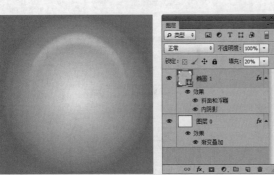

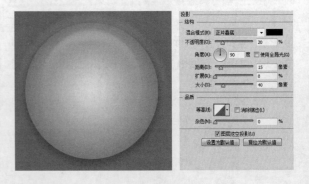

08 绘制椭圆 选择"椭圆工具"，然后在画布上单击，绘制出一个白色椭圆，接着设置它的不透明度为10%，给图标整体添加一个白色光效果。

09 绘制高光 选择"椭圆工具"，然后在画布中绘制出一个白色椭圆。

10 绘制效果 选择白色椭圆图层，然后在"属性"面板中设置它的羽化值为20像素，在"图层"面板中设置不透明度为20%。

11 绘制高光 选择"钢笔工具"，然后在椭圆的左下角绘制出一个高光的效果（使用钢笔工具绘制高光效果是本实战最需要耐心学习的地方）。

12 制作效果 选择用钢笔工具绘制的图形，然后在"属性"面板中设置羽化值为3像素，在"图层"面板中设置不透明度为60%。

13 添加剪贴蒙版 选择"钢笔工具"，然后在椭圆的右上角绘制出一个高光的效果。

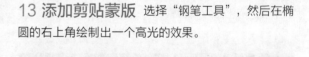

14 制作效果 选择用钢笔工具绘制的图形，然后在"属性"面板中设置羽化值为2像素，在"图层"面板中设置不透明度为80%。

15 绘制椭圆 选择"椭圆工具"，然后在椭圆的左上角绘制出一个高光的效果。

16 制作效果 选择椭圆图层，然后在"属性"面板中设置羽化值为2像素。

17 制作高光反射 选择"椭圆工具"，然后在刚才的高光图层下方绘制一个更大的椭圆。

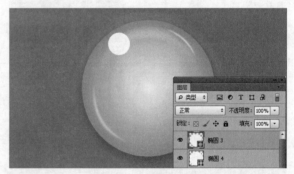

18 制作效果 选择椭圆图层，然后在"属性"面板中设置羽化值为15像素。

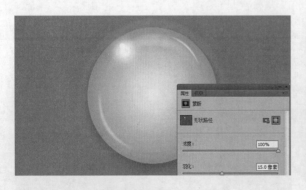

19 导入素材 执行"文件>打开"命令，打开"开关.png"素材并拖曳到当前文档中，接着设置它的不透明度为90%。

20 制作展示效果 为了将图标设计得更加好看，可以为图标添加一个渐变展示背景。

实战：倒影效果

» 源文件路径　　CH05>倒影效果>倒影效果.psd
» 素材路径　　　CH05>倒影效果>相机.png

01 新建文档 执行"文件>新建"命令，在打开的"新建"对话框中设置参数，然后单击"确定"按钮，新建一个文档。

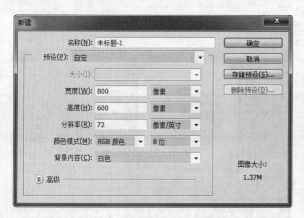

02 绘制圆角矩形 设置前景色为（R44，G44，B44），然后按快捷键Alt+Delete为背景填充前景色。

03 导入素材 执行"文件>打开"命令,打开"相机.png"素材并拖曳到当前文档中,命名为"相机"。

04 旋转素材 选择"相机"图层,然后按快捷键Ctrl+J将其复制一次,命名为"倒影",然后执行"编辑>变换>垂直翻转"命令,再将其向下移动至与边缘对齐。

05 添加图层蒙版 选择"倒影"图层,然后选择"渐变工具",设置从黑色到白色的渐变,再按住Shift键在蒙版中从下往上拖曳出渐变效果。

06 调整显示范围 选择"倒影"图层,然后取消链接蒙版,选择蒙版,按快捷键Ctrl+T进行自由变换,调整控制框的边缘可以控制倒影的显示范围,同时可以配合调整不透明度来制作适合的倒影显示范围。

07 创建椭圆 选择"椭圆工具",然后在"倒影"图层的下方创建一个白色椭圆,接着在"属性"面板中设置它的羽化值为50像素,在"图层"面板中设置它的不透明度为80%。

08 绘制阴影 在"相机"和"倒影"图层之间新建一个图层，命名为"阴影"，然后选择"画笔工具"，设置一个柔角笔尖，按住Shift键在两个图层相交的位置绘制一条黑色阴影，接着设置它的图层不透明度为50%。

09 绘制矩形 继续选择"矩形工具"，然后在"椭圆1"图层的上方绘制一个黑色矩形。

5.7 磨砂和画中画效果

在制作图标时，有时会遇到需要将图标和背景结合制作的情况，或是制作一个展示效果，这考验的是用户对效果的处理能力。本节会提供两个实用且好看的实战，教读者制作磨砂效果和画中画效果的方法。本节能促进读者对蒙版知识的了解和掌握。

实战：磨砂效果

» 源文件路径　　CH05>磨砂效果>磨砂效果.psd
» 素材路径　　　CH05>磨砂效果>海星.jpg

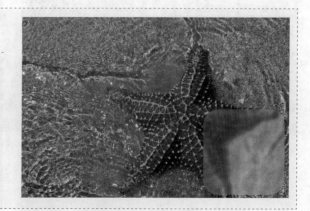

01 **打开素材** 执行"文件>打开"命令，打开"海星.jpg"素材。

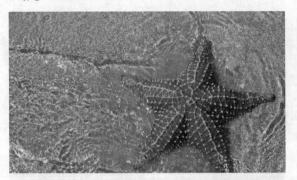

02 **绘制圆角矩形** 选择"圆角矩形工具"，然后在画布正中位置新建一个圆角矩形。

03 **复制素材** 选择"背景"图层，然后按快捷键Ctrl+J将其复制一次，接着将其移动到图层的最上方。

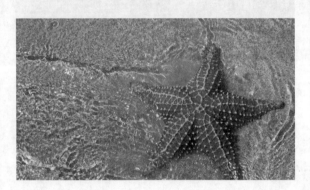

04 **制作素材** 选择"背景 副本"图层，然后将其转换为智能对象，接着执行"滤镜>模糊>高斯模糊"命令，随意给它设置一个效果明显的数值。

05 **创建剪贴蒙版** 选择"背景 副本"图层，然后按快捷键Ctrl+Alt+G将其创建为剪贴蒙版作用于下面的图层。

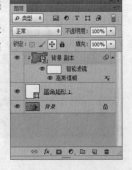

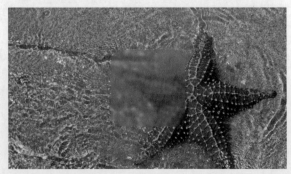

06 创建圆角矩形 选择
"圆角矩形工具"，然后在
画布上单击创建一个与之前
一样大小的白色圆角矩形，
同样也要居中，且和之前的
圆角矩形处于同一位置。

07 创建剪贴蒙版 选
择"圆角矩形 2"图层，然
后按快捷键Ctrl+Alt+G将其
创建为剪贴蒙版作用于下面
的图层，接着设置它的图层
不透明度为30%。

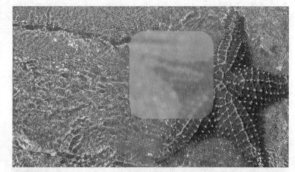

08 制作可移动蒙版 选择两个圆角矩形图层，然后将它们链接起来。

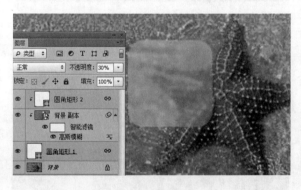

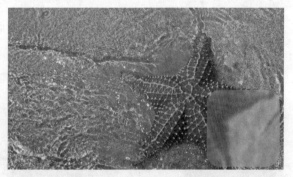

🔔 **提示**

　　普通磨砂蒙版的制作方法很简单，这样制作虽然会麻烦一点，但是有两个好处：第一，可以随时通过调整"不
透明度"和"高斯模糊"的数值来控制需要的模糊量；第二，选择两个圆角矩形图层，然后把两个图层链接起来，
这时候移动圆角矩形图层可以随时控制需要模糊的区域。读者也可以尝试通过对智能对象图层执行其他滤镜操作来
创建出各式各样的效果。

实战：画中画效果

01 打开素材　执行"文件>打开"命令，打开"樱花.jpg"素材。

02 复制图层　选择背景图层，然后按快捷键Ctrl+J将其复制一次，接着选择背景图层，将背景图层转换为智能对象，隐藏"图层1"图层。

03 制作效果　选择被转换成智能对象的图层，然后执行"滤镜>模糊>高斯模糊"命令，给它设置一个高斯模糊效果。

04 绘制矩形　选择"矩形工具"，然后在画布上单击绘制一个矩形，并做居中处理。

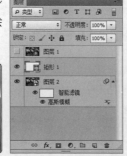

05 创建剪贴蒙版 选择"图层 1"图层，将其显示，然后按快捷键 Ctrl+Alt+G将其创建为剪贴蒙版作用于下面的图层（此时移动矩形图层可以任意控制显示区域）。

06 制作描边 选择"矩形 1"图层，然后执行"图层>图层样式>描边"命令，给它添加一个描边效果。

07 创建投影 选择"矩形 1"图层，然后执行"图层>图层样式>投影"命令，给它添加一个投影效果。

08 制作弯曲效果 选择"钢笔工具"，在矩形下方绘制一个黑色形状，让画卷有一个弯曲效果。

09 制作效果 选择刚才制作的形状，然后在"属性"面板中设置它的羽化值为25像素。

第6章

多种风格的线性图标

本章可以帮助读者了解如何使用钢笔工具、形状工具和控制锚点，在了解了这些知识点以后，读者基本上可以通过观察线性图标的结构直接临摹出任何想要的作品，下一步读者就可以考虑自行创作了。

* 简单线性图标　　　　* 不规则多色线性图标

* 描边风格图标

6.1 简单线性图标

本节的实战将教导用户制作成套的简单线性图标，考核用户对各种矢量绘图工具，如钢笔工具、矩形工具、圆角矩形工具等的理解，最后一个实战加入了锚点的简单应用。

实战：制作more图标

» 源文件路径　　CH06>制作more图标>制作more图标.psd
» 素材路径　　　无

01 **新建文档** 执行"文件>新建"命令，在打开的"新建"对话框中设置参数，然后单击"确定"按钮，新建一个文档。

02 **制作背景** 设置前景色为（R102，G204，B204），然后按快捷键Alt+Delete为背景图层填充前景色。

03 **创建矩形** 选择"矩形工具"，然后在画布上单击，新建一个矩形。

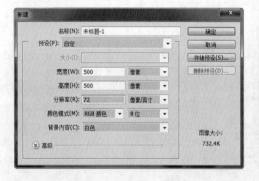

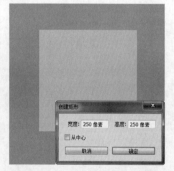

04 **绘制圆形** 选择"椭圆工具"，然后在"矩形 1"图层上方绘制一个圆形，这里描边参数设置为6，那么后面绘制的线条描边参数都要设置为6（本节实战重点在于观察何时使用"填充"，何时使用"描边"）。

05 绘制圆角矩形 选择"圆角矩形工具"，然后在圆形内部绘制一个圆角矩形，并将其与圆形居中对齐（注意圆角矩形圆角半径的设置，绘制圆角矩形最好的方法还是在画布上单击创建）。

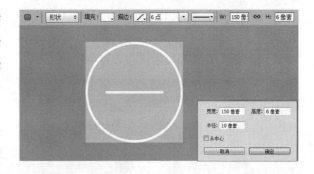

06 复制圆角矩形 选择"圆角矩形1"图层，然后按快捷键Ctrl+J将其复制一次，接着按快捷键Ctrl+T自由变换路径，再在画布上单击鼠标右键，选择旋转90°，最后隐藏"矩形1"图层。

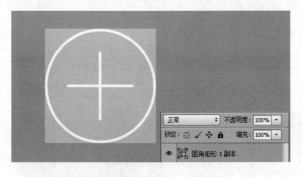

实战：制作less图标

» 源文件路径　CH06>制作less图标>制作less图标.psd
» 素材路径　　无

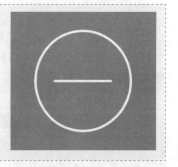

01 新建文档 执行"文件>新建"命令，在打开的"新建"对话框中设置参数，然后单击"确定"按钮，新建一个文档。

02 制作背景 设置前景色为（R102, G204, B204），然后按快捷键Alt+Delete为背景图层填充前景色。

03 创建矩形 选择"矩形工具"，然后在画布上单击，新建一个矩形。

04 绘制圆形 选择"椭圆工具",然后在"矩形 1"图层上方绘制一个圆形,这里描边参数设置为6,那么后面绘制的线条描边参数都要设置为6。

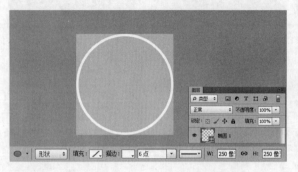

05 绘制圆角矩形 选择"圆角矩形工具",然后在圆形内部绘制一个圆角矩形,并将其与圆形居中对齐,接着隐藏"矩形 1"图层。

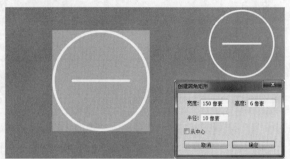

实战：制作close图标

» 源文件路径　　CH06>制作close图标>制作close图标.psd
» 素材路径　　　无

---

01 新建文档 执行"文件>新建"命令,在打开的"新建"对话框中设置参数,然后单击"确定"按钮,新建一个文档。

02 制作背景 设置前景色为(R102,G204,B204),然后按快捷键Alt+Delete为背景图层填充前景色。

03 创建矩形 选择"矩形工具",然后在画布上单击,新建一个矩形。

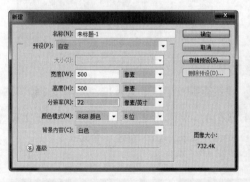

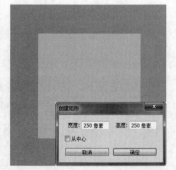

04 绘制圆形 选择"椭圆工具",然后在"矩形 1"图层上方绘制一个圆形,这里描边参数设置为6,那么后面绘制的线条描边参数都要设置为6。

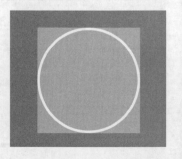

05 绘制圆角矩形 选择"圆角矩形工具"，然后在圆形内部绘制一个圆角矩形，并将其与圆形居中对齐。

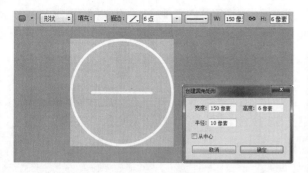

06 复制圆角矩形 选择"圆角矩形 1"图层，然后按快捷键Ctrl+J将其复制一次，接着按快捷键Ctrl+T自由变换路径，再在画布上单击鼠标右键，选择旋转90°。

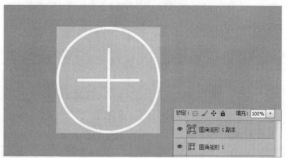

07 旋转形状 选择两个圆角矩形图层，然后按快捷键Ctrl+T自由变换路径，设置旋转角度为45°，接着隐藏"矩形 1"图层。

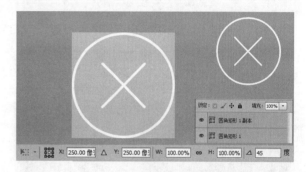

实战：制作play图标

» 源文件路径　　CH06>制作play图标>制作play图标.psd
» 素材路径　　　无

01 新建文档 执行"文件>新建"命令，在打开的"新建"对话框中设置参数，然后单击"确定"按钮，新建一个文档。

02 制作背景 设置前景色为（R102，G204，B204），然后按快捷键Alt+Delete为背景图层填充前景色。

03 创建矩形 选择"矩形工具"，然后在画布上单击，新建一个矩形。

04 绘制圆形 选择"椭圆工具"，然后在矩形图层上方绘制一个圆形，这里描边参数设置为6，那么后面绘制的线条描边参数都要设置为6。

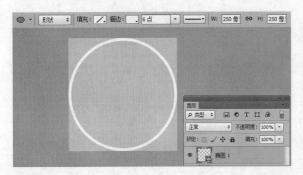

05 绘制三角形 选择"多边形工具"，然后在画布上单击创建一个三角形（这里最好单击创建，单击创建可以更方便地创建出有一条边垂直于画布的三角形）。

06 移动三角形 将三角形向右稍移几个像素，使它与圆形的视觉中心对齐，然后隐藏"矩形1"图层。

实战：制作pause图标

» 源文件路径　　CH06>制作pause图标>制作pause图标.psd
» 素材路径　　　无

01 新建文档 执行"文件>新建"命令，在打开的"新建"对话框中设置参数，然后单击"确定"按钮，新建一个文档。

02 制作背景 设置前景色为（R102, G204, B204），然后按快捷键Alt+Delete为背景图层填充前景色。

03 创建矩形 选择"矩形工具"，然后在画布上单击，新建一个矩形。

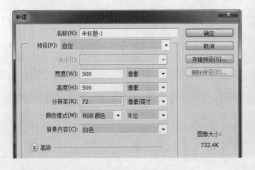

04 绘制圆形 选择"椭圆工具"，然后在矩形图层上方绘制一个圆形，这里描边参数设置为6，那么后面绘制的线条描边参数都要设置为6。

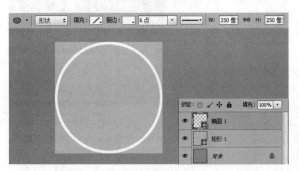

05 绘制圆角矩形 选择"圆角矩形工具"，然后在圆形内部绘制一个圆角矩形，并将其与圆形居中对齐。

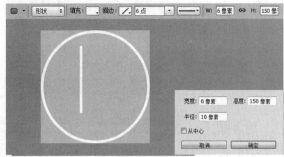

06 复制圆角矩形 选择"圆角矩形 1"图层，然后按快捷键Ctrl+J将其复制一次，再向右移动至合适位置。

07 合并形状 选择两个圆角矩形图层，然后按快捷键Ctrl+E合并形状，再将其与圆形居中对齐，接着隐藏"矩形 1"图层。

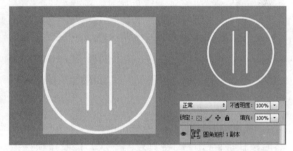

实战：制作right图标

» 源文件路径　　CH06>制作right图标>制作right图标.psd
» 素材路径　　　无

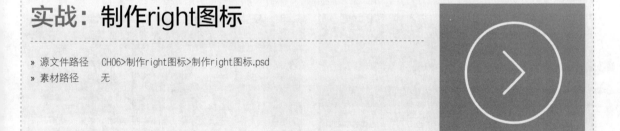

01 新建文档 执行"文件>新建"命令，在打开的"新建"对话框中设置参数，然后单击"确定"按钮，新建一个文档。

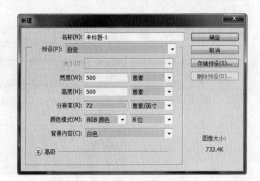

02 制作背景
设置前景色为（R102，G204，B204），然后按快捷键Alt+Delete为背景图层填充前景色。

03 创建矩形
选择"矩形工具"，然后在画布上单击，新建一个矩形。

04 绘制圆形
选择"椭圆工具"，然后在矩形图层上方绘制一个圆形，这里描边参数设置为6，那么后面绘制的线条描边参数都要设置为6。

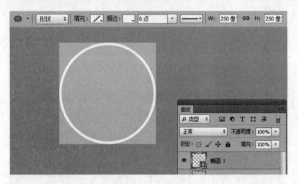

05 绘制圆角矩形
选择"圆角矩形工具"，然后在圆形内部绘制一个圆角矩形，并将其与圆形居中对齐。

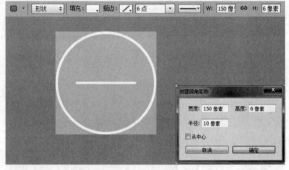

06 复制圆角矩形
选择"圆角矩形 1"图层，然后按快捷键Ctrl+J将其复制一次，接着按快捷键Ctrl+T自由变换路径，再在画布上单击鼠标右键，选择旋转90°。

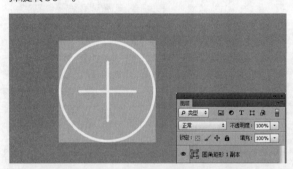

07 旋转形状
选择两个圆角矩形图层，然后按快捷键Ctrl+E合并形状，接着按快捷键Ctrl+T自由变换路径，设置旋转角度为45°。

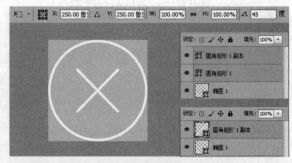

08 删除锚点
放大图形，然后选择"删除锚点工具"，删除右侧顶端的两个锚点。

09 转换锚点 选择"转换点工具",然后依次单击右侧顶端的4个锚点,将其转换为直角。

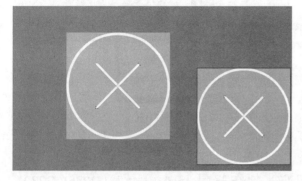

10 移动锚点 选择"直接选择工具",然后按住Shift键分两组移动右侧的锚点向中心收拢。

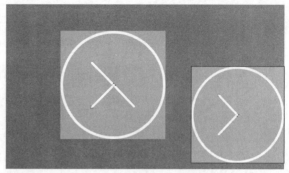

11 居中对齐 选择编辑后的圆角矩形和圆形图层,然后对它们进行居中对齐处理,接着隐藏"矩形 1"图层。

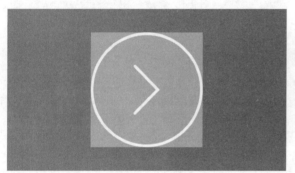

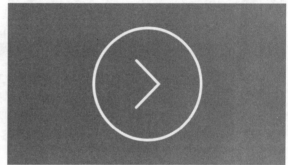

6.2 不规则多色线性图标

　　不规则线性图标大多会通过调整锚点制作复杂的形状,而多色线性图标制作的特点就是在单色图标中加入部分颜色线条来提升作品的颜色层次。本节实战将结合这两种图标的特色来制作不太复杂的图标。

　　实战中使用矢量绘图工具结合控制锚点来制作图标,主要考验读者对控制锚点相关工具的理解和掌握,是编辑不规则图标时比较重要的实操实战。

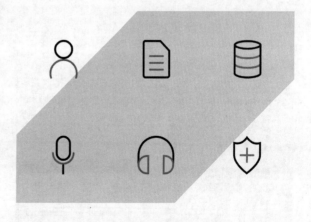

实战：制作文件图标

» 源文件路径　　CH06>制作文件图标>制作文件图标.psd
» 素材路径　　　无

01 新建文档 执行"文件>新建"命令，在打开的"新建"对话框中设置参数，然后单击"确定"按钮，新建一个文档。

02 制作背景 设置前景色为（R255，G230，B163），然后按快捷键Alt+Delete为背景图层填充前景色。

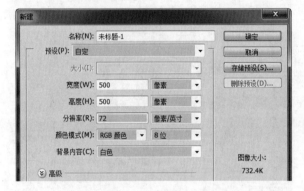

03 创建矩形 选择"矩形工具"，然后在画布上单击，新建一个矩形。

04 绘制圆角矩形 选择"圆角矩形工具"，然后在"矩形 1"图层上方绘制一个圆角矩形，这里描边参数设置为10，那么后面绘制的线条描边参数都要设置为10。

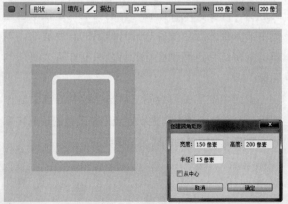

05 添加锚点 选择"添加锚点工具",然后分别在圆角矩形的上方和右侧添加锚点。

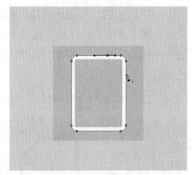

06 删除锚点 选择"删除锚点工具",然后删除圆角矩形右上角的两个锚点。

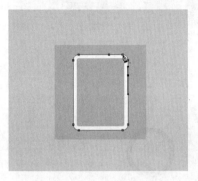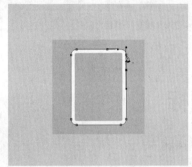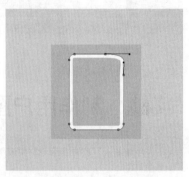

07 转换锚点 选择"转换锚点工具",然后单击转换刚才添加的两个锚点。

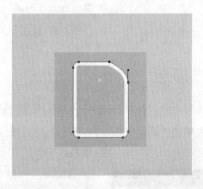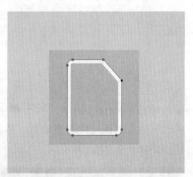

08 绘制圆角矩形 选择"圆角矩形工具",然后在圆角矩形中绘制一个圆角矩形,颜色为(R86,G183,B134)。

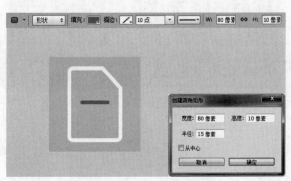

09 复制圆角矩形 选择绿色圆角矩形图层,然后按快捷键Ctrl+J将其复制两次,再移动至合适的位置。

10 改变颜色 将白色线性边的颜色改为黑色（原本设计是用黑色制作作品，但是黑色在制作实战时无法显示锚点，所以先采用白色然后改变为黑色），然后隐藏"矩形1"图层。

🔔 **提示**

　　这里为了让读者观察清楚每一个步骤，采用了分离实战的方法，读者实际制作时最好在同一画布内进行，合理地运用参考线可以让整体图形更规范。

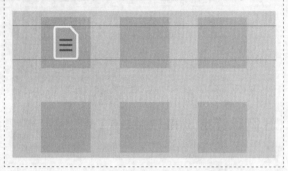

实战：制作用户图标

》 源文件路径　　CH06>制作用户图标>制作用户图标.psd
》 素材路径　　　无

01 新建文档 执行"文件>新建"命令，在打开的"新建"对话框中设置参数，然后单击"确定"按钮，新建一个文档。

02 制作背景 设置前景色为（R255，G230，B163），然后按快捷键Alt+Delete为背景图层填充前景色。

03 创建矩形 选择"矩形工具"，然后在画布上单击，新建一个矩形。

04 拉出参考线 在150像素位置和350像素位置分别拉出参考线（和文件图标的顶部和底部位置相同）。

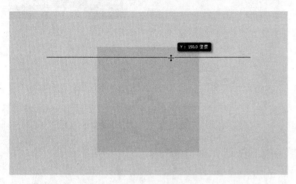

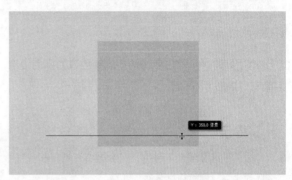

05 绘制椭圆 选择"椭圆工具"，然后在矩形内部绘制一个圆形。

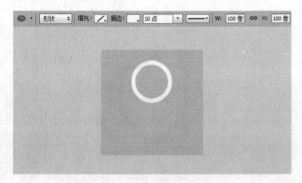

06 绘制身体 选择"椭圆工具"，然后在圆形下方绘制一个椭圆。

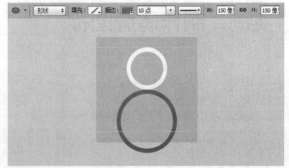

07 添加锚点 选择"添加锚点工具"，然后在参考线位置添加两个锚点。

08 **删除锚点** 选择"直接选择工具"，然后选择椭圆最下面的锚点并将其删除。

09 **转换端点类型** 选择"直接选择工具"，然后选择刚才添加的两个锚点，接着在选项栏中改变它们的端点类型。

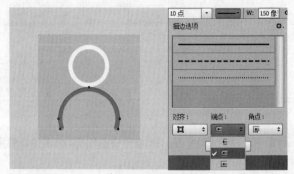

10 **改变颜色** 将白色线性边的颜色改为黑色，然后隐藏"矩形1"图层。

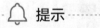 提示

　　这里可以思考一下利用"删除锚点工具"和"直接选择工具"删除锚点有什么区别。

实战：制作盾牌图标

» 源文件路径　　CH06>制作盾牌图标>制作盾牌图标.psd
» 素材路径　　　　无

01 **新建文档** 执行"文件>新建"命令，在打开的"新建"对话框中设置参数，然后单击"确定"按钮，新建一个文档。

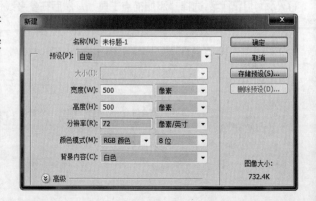

02 制作背景 设置前景色为（R255，G230，B163），然后按快捷键Alt+Delete为背景图层填充前景色。

03 创建矩形 选择"矩形工具"，然后在画布上单击，新建一个矩形。

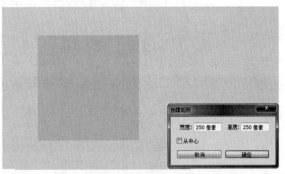

04 拉出参考线 在150像素位置和350像素位置分别拉出参考线（和文件图标的顶部和底部位置相同）。

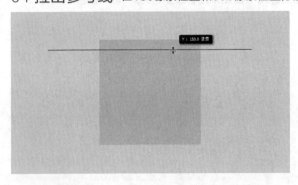
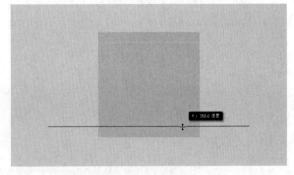

05 绘制矩形 选择"矩形工具"，然后在矩形内部绘制一个矩形。

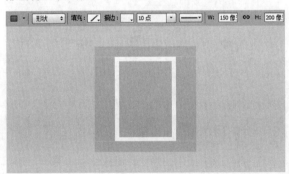

06 添加锚点 选择"添加锚点工具"，然后在矩形下方添加一个锚点。

07 移动锚点 选择"直接选择工具"，然后向上移动左下和右下的锚点。

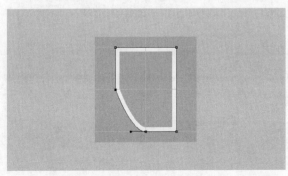
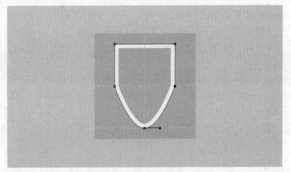

· 08 **转换锚点** 选择"转换锚点工具"，然后单击最下面的锚点将其转换成直角锚点。

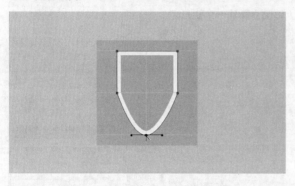 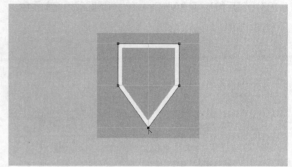

09 **改变锚点** 选择"转换点工具"，然后选择刚才添加的两个锚点，接着改变它们的线条弧度。

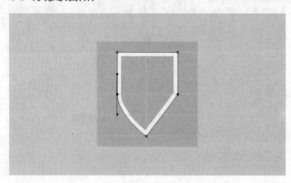 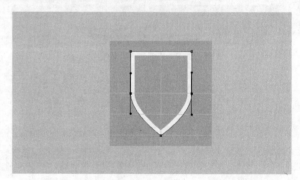

10 **添加锚点** 选择"添加锚点工具"，然后在顶部中间位置添加一个锚点。

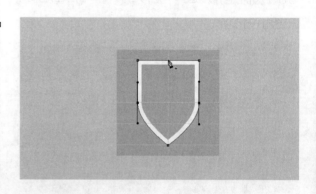

11 **移动锚点** 选择"直接选择工具"，向下移动左上和右上的锚点。

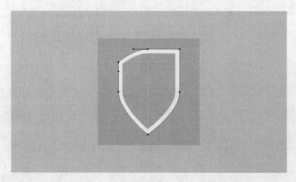 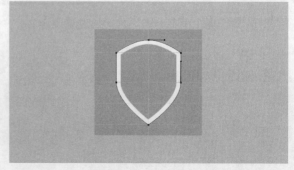

12 转换锚点 选择"转换点工具",转换最上方的锚点。

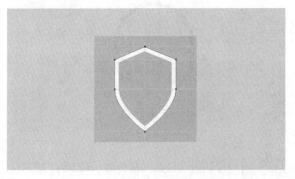

13 添加锚点 选择"添加锚点工具",然后在顶端锚点左右的两条边上分别添加锚点。

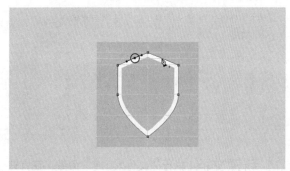

14 移动锚点 选择"直接选择工具",选择刚才添加的两个锚点,然后将其向下移动。

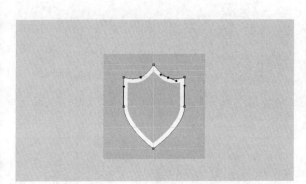

15 添加纹理 选择"圆角矩形工具",然后在圆角矩形内绘制一个圆角矩形,颜色为(R86,G183,B134)。

16 复制圆角矩形 选择"圆角矩形 1"图层,然后按快捷键Ctrl+J复制一次,再按快捷键Ctrl+T自由变换路径,将其旋转90°。

17 改变颜色 将白色线性边的颜色改为黑色,然后隐藏"矩形 1"图层。

实战：制作耳机图标

» 源文件路径　　CH06>制作耳机图标>制作耳机图标.psd
» 素材路径　　　无

01 新建文档　执行"文件>新建"命令，在打开的"新建"对话框中设置参数，然后单击"确定"按钮，新建一个文档。

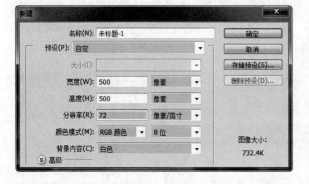

02 制作背景　设置前景色为（R255，G230，B163），然后按快捷键Alt+Delete为背景图层填充前景色。

03 创建矩形　选择"矩形工具"，然后在画布上单击，新建一个矩形。

04 拉出参考线　在水平150像素位置和350像素位置分别拉出参考线，在垂直150像素位置和350像素位置也分别拉出参考线。

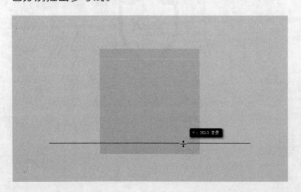

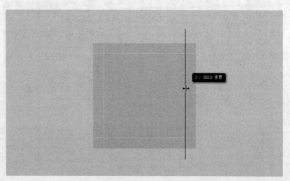

05 **绘制椭圆**　选择"椭圆工具"，然后在矩形左下方绘制一个椭圆。

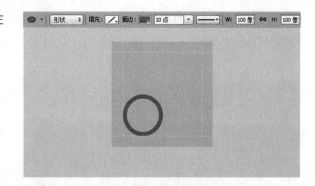

06 **添加锚点**　选择"添加锚点工具"，然后在椭圆锚点的上、下方各添加一个锚点。

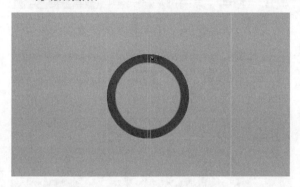
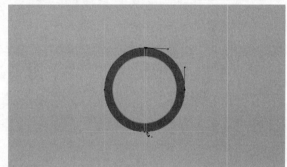

07 **删除锚点**　选择"删除锚点工具"，然后删除圆形右边的锚点。

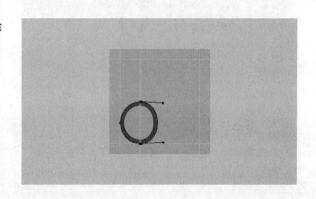

08 **转换锚点**　选择"转换点工具"，然后依次单击刚才创建的两个锚点。

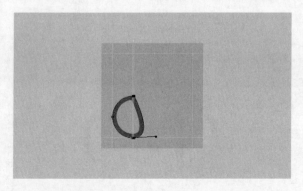
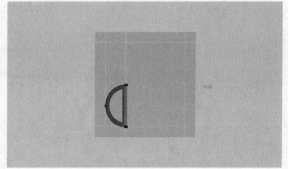

09 **移动锚点** 选择"直接选择工具"，将刚才添加的两个锚点向右移动10像素。

10 **复制形状** 选择"直接选择工具"，然后选择剩下的所有锚点，再按快捷键Ctrl+J将其复制一次，接着按快捷键Ctrl+T自由变换路径，将其水平翻转。

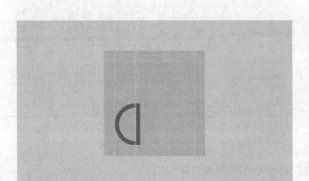

11 **移动形状** 选择复制出来的形状，然后将其向右移动。

12 **绘制椭圆** 选择"椭圆工具"，然后在两个半圆图层下方绘制一个椭圆。

🔔 **提示**

编辑过锚点的形状一定要先选择锚点再进行复制，否则只能复制出形状的一部分。

13 **添加锚点** 选择"添加锚点工具"，在中间的原点的下方添加两个锚点。

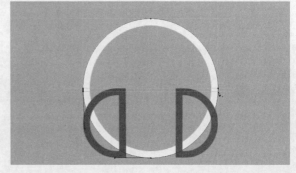

14 删除锚点 选择"直接选择工具"，然后删除最下方的锚点。

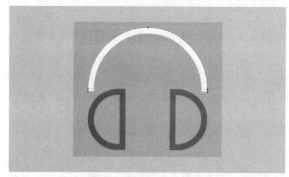

15 移动锚点 选择"直接选择工具"，选择刚才添加的两个锚点，然后将其向下移动。

16 改变颜色 将白色线性边的颜色改为黑色，然后隐藏"矩形1"图层。

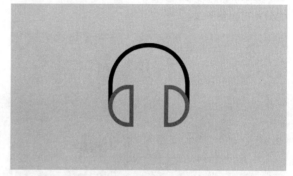

实战：制作话筒图标

» 源文件路径　　CH06>制作话筒图标>制作话筒图标.psd
» 素材路径　　　无

01 新建文档 执行"文件>新建"命令，在打开的"新建"对话框中设置参数，然后单击"确定"按钮，新建一个文档。

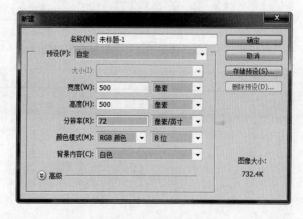

02 制作背景 设置前景色为(R255, G230, B163)，然后按快捷键Alt+Delete为背景图层填充前景色。

03 创建矩形 选择"矩形工具"，然后在画布上单击，新建一个矩形。

04 拉出参考线 在水平150像素位置和350像素位置分别拉出参考线，在垂直150像素位置和350像素位置也分别拉出参考线。

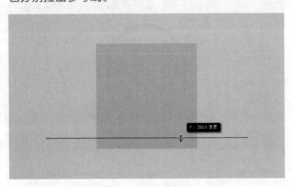

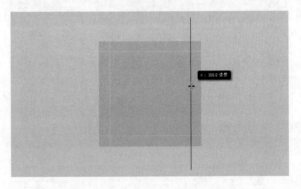

05 绘制矩形 选择"矩形工具"，然后在矩形下方绘制一个矩形。

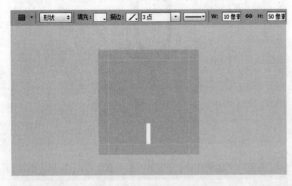

06 绘制圆 选择"椭圆工具"，然后在矩形上方绘制一个圆形。

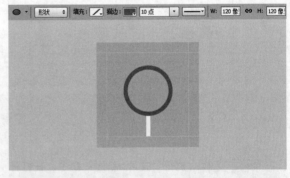

07 绘制圆 选择"椭圆工具"，然后在圆形内部绘制一个圆形。

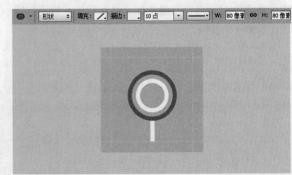

08 删除锚点 选择绿色圆图层，然后删除它上方的锚点。

09 转换端点类型 选择"直接选择工具"，选择半圆的左、右两个锚点，然后在选项栏中改变它们的端点类型。

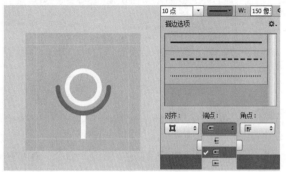

10 添加锚点 选择"添加锚点工具"，在白色圆形中间锚点的上方1像素位置添加两个锚点。

11 移动锚点 选择白色圆形，然后同时向上移动它顶端的锚点和刚才添加的两个锚点。

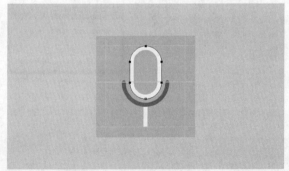

12 改变颜色 将白色线性边的颜色改为黑色，然后隐藏"矩形1"图层。

实战：制作水杯图标

» 源文件路径　　CH06>制作水杯图标>制作水杯图标.psd
» 素材路径　　　无

01 新建文档 执行"文件>新建"命令，在打开的"新建"对话框中设置参数，然后单击"确定"按钮，新建一个文档。

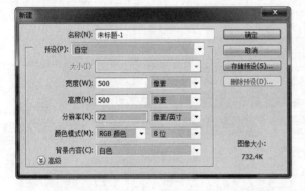

02 制作背景 设置前景色为（R255，G230，B163），然后按快捷键Alt+Delete为背景图层填充前景色。

03 创建矩形 选择"矩形工具"，然后在画布上单击，新建一个矩形。

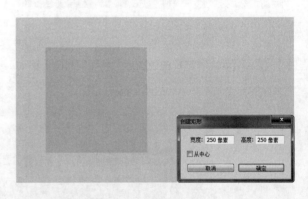

04 拉出参考线 在水平150像素位置和350像素位置分别拉出参考线，在垂直150像素位置和350像素位置也分别拉出参考线。

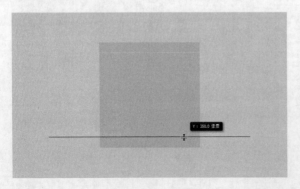

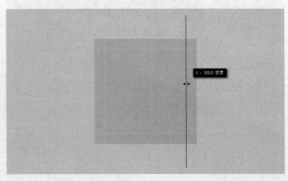

05 绘制矩形 选择"矩形工具"，然后在矩形内部绘制一个矩形。

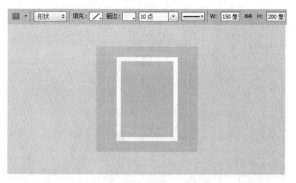

06 绘制椭圆 选择"椭圆工具"，然后在矩形上方绘制一个椭圆。

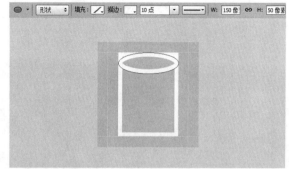

07 复制圆 选择"椭圆1"图层，然后按快捷键Ctrl+J将其复制一次，再向下移动。

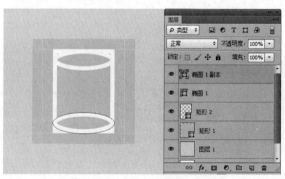

08 添加锚点 选择"矩形 2"图层，然后在它的上、下边上各添加一个锚点。

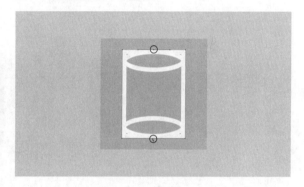

09 删除锚点 选择"直接选择工具"，然后删除刚才添加的两个锚点（线条会被改变）。

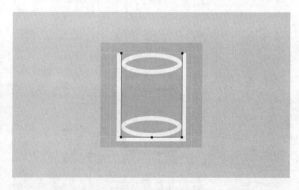

10 转换线条对齐类型 选择"直接选择工具"，然后选择所有锚点，接着在选项栏中改变它们的线条对齐类型。

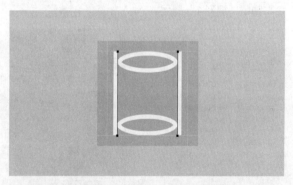

11 移动锚点 选择矩形上方的两个锚点，然后同时向下移动它们与椭圆的左右锚点对齐。

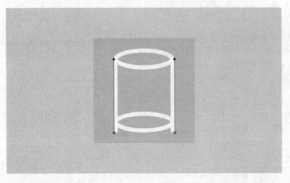

12 移动锚点 选择矩形下方的两个锚点，然后同时向上移动它们与椭圆的左右锚点对齐。

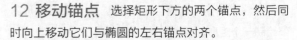

13 删除锚点 选择"直接选择工具"，然后删除下面椭圆上方的锚点。

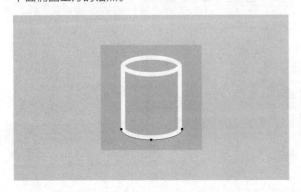

14 复制形状 选择"直接选择工具"，然后选择所有锚点，接着将其复制两次，再向上移动，并改变描边颜色。

15 移动图层 将两个改变了颜色的形状图层移动到"矩形2"图层下方，然后将白色线性边的颜色改为黑色，隐藏"矩形1"图层。

6.3 描边风格图标

　　描边风格的图标近来比较热门，制作方法易学，成品也很好看，希望这种强化的描边图标能帮助读者进一步理解制作线性类图标的方法，让图标的制作更加灵性。在制作图标前，多观察要制作的物品的特质，前面的章节已经给出了简化物品的流程，根据物品的特质制作出抽象化的图标。

实战：描边蜜蜂图标

» 源文件路径　　CH06>描边蜜蜂图标>描边蜜蜂图标.psd
» 素材路径　　　无

01 新建文档 执行"文件>新建"命令，在打开的"新建"对话框中设置参数，然后单击"确定"按钮，新建一个文档。

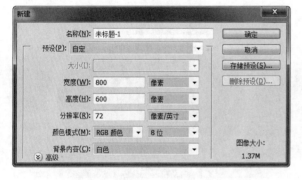

02 制作背景 设置前景色为（R72，G190，B254），然后按快捷键Alt+Delete为背景图层填充前景色。

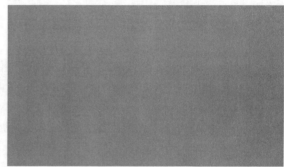

03 创建圆角矩形 选择"圆角矩形工具"，然后在画布上单击，新建一个圆角矩形。

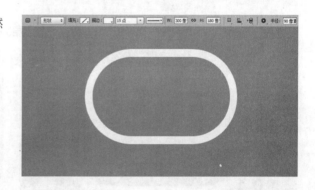

04 添加锚点 选择"添加锚点工具"，在左上角添加6个锚点。

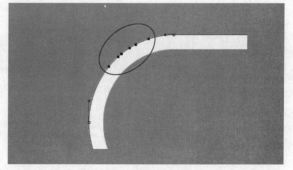

05 删除锚点 选择"删除锚点工具"，然后将刚添加的6个锚点以3个为一组，分别删除两组中间的那个锚点。

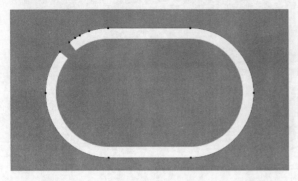
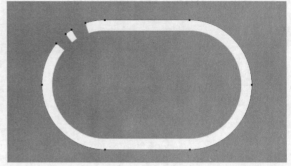

06 转换端点类型 选择"直接选择工具"，然后选择刚才添加的锚点，再在选项栏中改变它们的端点类型。

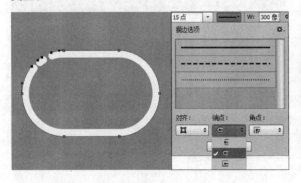

07 添加锚点 选择"添加锚点工具"，在右下角添加5个锚点（右侧本身就有一个）。

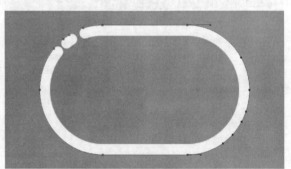

08 删除锚点 选择"删除锚点工具"，然后将右下角的6个锚点以3个为一组，分别删除两组中间的那个锚点。

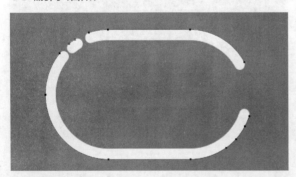
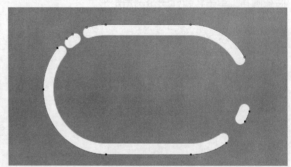

09 创建圆角矩形 选择"圆角矩形工具"，然后在画布上单击，新建一个圆角矩形，填充颜色为（R255，G218，B1）。

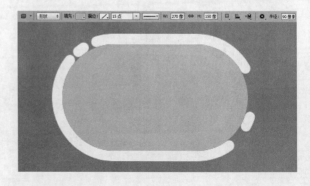

10 **移动锚点** 选择"直接选择工具",然后选择圆角矩形左边的3个锚点,并将其稍向右移。

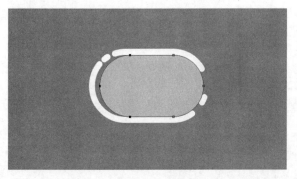

11 **移动锚点** 选择"直接选择工具",然后选择圆角矩形右边的3个锚点,并将其稍向左移。

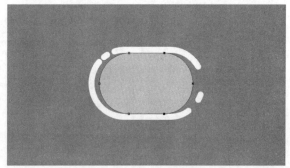

12 **绘制矩形** 选择"矩形工具",然后在画布中间绘制一个矩形。

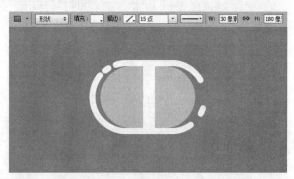

13 **添加锚点** 选择"添加锚点工具",在矩形的中间添加两个锚点(放大后进行添加更准确)。

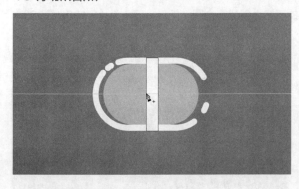

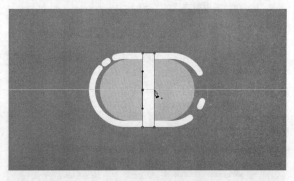

14 **移动锚点** 选择"直接选择工具",然后选择刚才添加的两个锚点,并将其向右移动。

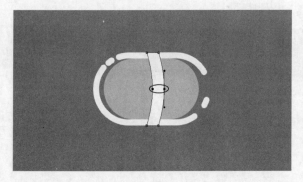

15 **复制形状** 选择"直接选择工具",选择矩形的所有锚点,然后按快捷键Ctrl+J复制一次,并将其向右移动。

16 移动锚点 这里可以观察到复制出来的矩形上下有一点溢出了。选择"直接选择工具"，然后将右上、右下的两个锚点分别向下、向上收缩。

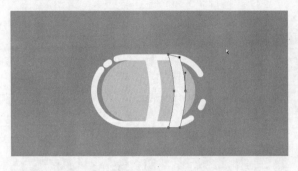
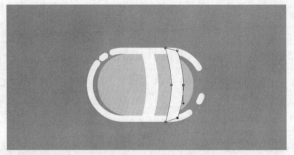

17 制作翅膀 参照以上步骤，使用同样的方法，在底部图层上制作出蜜蜂的翅膀。从此步骤开始将所有的白色线条改为黑色，因为之前为了观察锚点效果将黑色线条改为了白色。

18 制作翅膀填充 使用同样的方法，在翅膀图层的下方再创建一个圆角矩形，颜色为（R183，G233，B255），接着按快捷键Ctrl+T将其等比例缩小一点。

19 复制圆角矩形 将刚才缩小的圆角矩形按快捷键Ctrl+J复制一次，然后将它的填充颜色改为白色，再按快捷键Ctrl+T将其等比例缩小一点，并稍微移动位置。

20 制作内侧的翅膀 使用同样的方法再制作出内侧的翅膀。

21 制作眼睛 选择"椭圆工具",然后制作出蜜蜂的眼睛。

22 制作红晕 选择"椭圆工具",然后制作出蜜蜂脸上的红晕,颜色为(R254,G184,B1)。

23 制作嘴巴 使用"圆角矩形工具"和"椭圆工具"制作出蜜蜂的嘴巴。半圆搭配圆角矩形可以制作出蜜蜂的嘴巴,用小圆角矩形可以制作出蜜蜂的舌头。

24 制作高光 选择"钢笔工具",在面部制作出高光效果,然后选择"直接选择工具",再选择两个锚点,接着在选项栏中改变它们的端点类型。

25 制作椭圆 选择"椭圆工具",然后在画布上创建一个椭圆。

26 制作矩形 选择"矩形工具",然后在底部图层中制作出一个拖尾效果。

27 添加效果 选择"圆角矩形工具",然后在画面中绘制一些装饰物品。

实战：描边恐龙图标

» 源文件路径　　CH06>描边恐龙图标>描边恐龙图标.psd
» 素材路径　　　无

» 作为本章知识点的考核实战，本实战中不会给出具体的锚点添加位置等信息，需要读者自己观察步骤图，与之前的实战相比更难且需要读者自主思考。

01 新建文档　执行"文件>新建"命令，在打开的"新建"对话框中设置参数，然后单击"确定"按钮，新建一个文档。

02 创建圆角矩形　选择"圆角矩形工具"，然后在画布上单击，新建一个圆角矩形。

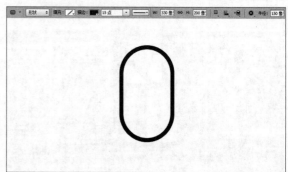

03 创建圆角矩形　选择"圆角矩形工具"，然后在画布上单击，新建一个圆角矩形。

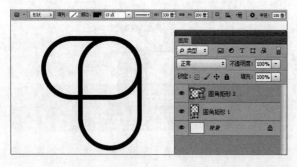

04 添加、删除锚点　使用"添加锚点工具"和"直接选择工具"，在两个圆角矩形的合适位置添加和删除锚点。

05 转换端点类型　选择"直接选择工具"，然后选择两个圆角矩形，接着在选项栏中改变它们的端点类型。

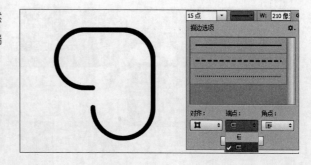

06 创建圆角矩形 选择"圆角矩形工具",然后在画布上单击,新建一个圆角矩形。

07 复制圆角矩形 选择"圆角矩形3"图层,然后按快捷键Ctrl+J将其复制一次,并向右移动。

08 添加、删除锚点 使用"添加锚点工具"和"直接选择工具",在两个圆角矩形的合适位置添加和删除锚点,然后转换端点类型。

09 制作尾巴 使用"添加锚点工具""转换点工具""直接选择工具"制作出恐龙的尾巴(暂时改变颜色以观察锚点位置)。

10 绘制圆角矩形 选择"圆角矩形工具",然后在画布上单击,新建一个圆角矩形。

11 复制圆角矩形 选择圆角矩形图层,然后按快捷键Ctrl+J将其复制一次,再向右移动。

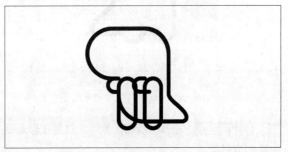

12 添加、删除锚点 使用"添加锚点工具"和"直接选择工具",在两个圆角矩形合适的位置添加和删除锚点,然后转换端点类型。

13 添加、删除锚点 使用"添加锚点工具"和"直接选择工具",在身体部分的圆角矩形的合适位置添加和删除锚点。

14 添加、删除锚点 使用"添加锚点工具"和"直接选择工具",在不同的图层的身体外围合适的位置添加和删除锚点。

15 绘制内层阴影 在最下方图层,使用"钢笔工具"和"转换点工具"绘制出内层阴影,颜色为(R229,G244,B251)。

16 绘制圆 选择"椭圆工具",在用钢笔工具绘制的形状上方绘制出很多圆,颜色为(R211,G238,B255)。

17 添加、删除锚点 使用"添加锚点工具"和"直接选择工具",在圆的合适位置添加和删除锚点。

18 制作眼睛 选择"椭圆工具",然后在恐龙面部制作出眼睛。

19 制作头冠 选择"圆角矩形工具",然后在画布上单击制作出恐龙的头冠,颜色为(R254,G218,B25)。

20 **复制圆角矩形** 选择刚才绘制的圆角矩形，然后按快捷键Ctrl+J将其复制两次，再向左移动至合适位置。

21 **添加、删除锚点** 使用"添加锚点工具"和"直接选择工具"，在3个圆角矩形的合适位置添加和删除锚点。

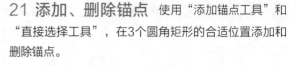

22 **制作背棘** 使用"椭圆工具"，制作出恐龙的背棘。

23 **制作地面** 选择"钢笔工具"，然后在画布上制作出地面的效果。

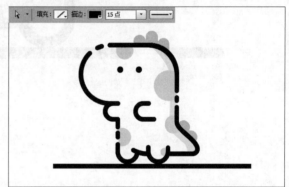

24 **添加、删除锚点** 使用"添加锚点工具"和"直接选择工具"，在地面的合适位置添加和删除锚点。

25 **转换端点类型** 选择"直接选择工具"，然后选择地面的锚点，接着在选项栏中改变它们的端点类型。

26 添加效果 选择"圆角矩形工具"，然后在画面中绘制一些装饰物品。

第7章

扁平化的图标

本章的案例主要讲解使用各种工具制作各种类型扁平化风格图标的方法，希望读者可以在制作的过程中掌握使用不同的工具实现各种扁平化效果的方法，也希望读者能掌握不同案例的制作流程。

＊ 天气图标   ＊ 相机图标   ＊ 日历图标

＊ 加速图标   ＊ 导航图标

7.1

天气图标

» 源文件路径　CH07>微光天气图标>微光天气图标.psd
» 素材路径　无

◎ 设计思路

本案例制作的是扁平化风格的天气图标，运用一种叫微光设计的手法来设计背景太阳。画面中只有单一的太阳元素显得较单调，所以又设计了云朵和雨滴这样的天气元素来丰富画面，同时也增强了天气类图标的识别性。

◎ 配色分析

本案例采用同色系渐变制作质感背景，然后搭配白色的云朵和雨滴元素，使图标给人以很简洁的感觉。

（R253，G52，B2）（R255，G153，B45）　　白色

天气图标主要应用于气象查询类型的App，图标要直观易懂，设计上要有天气元素，让用户能直观了解图标的意义。尽量采用天气颜色，如太阳的橘色，天空的蓝色等。

---

01 新建文档　执行"文件>新建"命令，在打开的"新建"对话框中设置参数，然后单击"确定"按钮，新建一个文档。

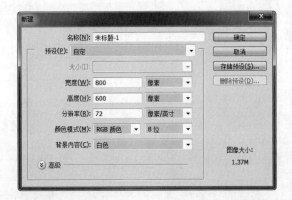

02 制作背景　按住Alt键双击背景图层，将背景图层转换成普通图层，然后执行"图层>图层样式>渐变叠加"命令，给背景添加一个从白色到（R193，G196，B204）的渐变叠加。

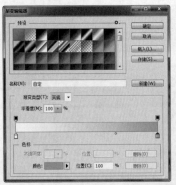

🔔 **提示**

单击"渐变颜色条"，在打开的"渐变编辑器"面板中进行渐变的"颜色"和"不透明度"的编辑。

03 创建圆角矩形 选择"圆角矩形工具"，然后在画布上单击，新建一个圆角矩形。

04 添加渐变叠加 选择"圆角矩形 1"图层，然后执行"图层>图层样式>渐变叠加"命令，给背景添加一个从（R253，G52，B2）到（R255，G153，B45）的渐变叠加。

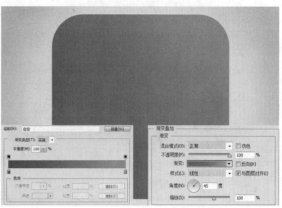

05 添加描边 选择"圆角矩形 1"图层，然后执行"图层>图层样式>描边"命令，给背景添加3像素的描边，描边为从黑色到深灰色的渐变。

06 制作圆 选择"椭圆工具"，然后在画布上单击，创建一个白色的圆形。

07 改变透明度 选择"椭圆 1"图层，然后将它的图层不透明度改为10%。

08 制作圆 选择"椭圆工具"，然后在画布上单击创建一个白色的圆形，再将它的图层不透明度改为10%。

09 制作圆 选择"椭圆工具"，然后在画布上单击，创建一个白色的圆形。

10 添加渐变叠加 选择"椭圆3"图层，然后执行"图层>图层样式>渐变叠加"命令，给圆添加一个从（R251，G149，B49）到（R255，G192，B93）的渐变叠加。到这里，太阳的微光效果已经制作完成了，后面制作云雨效果。

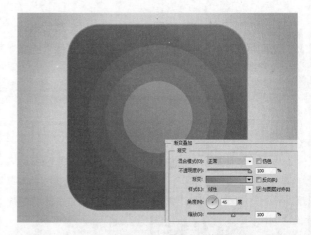

11 创建矩形 选择"矩形工具"，然后在画布上单击，创建一个矩形。

12 删除锚点 选择"删除锚点工具"，然后删除矩形右上角的锚点。

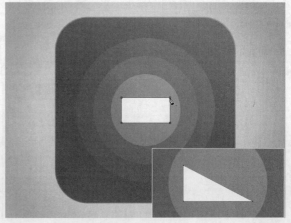

13 **绘制圆** 选择"椭圆工具",然后在画布上单击,创建一个圆形。

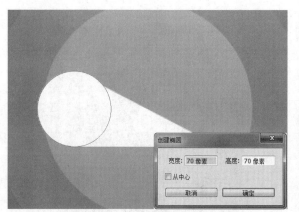

14 **绘制圆** 选择"椭圆工具",然后在画布上单击,创建一个圆形。

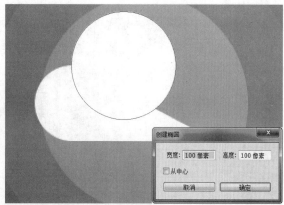

15 **绘制圆** 选择"椭圆工具",然后在画布上单击,创建一个圆形。

16 **绘制圆** 选择"椭圆工具",然后在画布上单击,创建一个圆形。

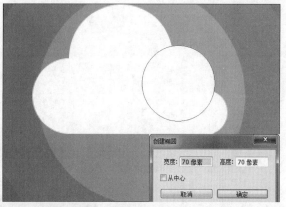

17 **移动云朵** 将几个云朵图层编组,然后向左上方移动至合适位置。

18 **创建圆** 选择"椭圆工具",然后在画布上单击,创建一个圆形。

19 移动锚点 选择"直接选择工具"，然后将圆形上方的锚点稍微向左上方移动。

20 复制椭圆 选择雨滴图层，然后按快捷键Ctrl+J将其复制几次，并移动至合适位置。

21 制作展示效果 为了将图标设计得更加好看，可以为图标制作展示背景。

7.2 相机图标

» 源文件路径 CH07>星空相机图标>星空相机图标.psd
» 素材路径 无

◎ 设计思路

本案例制作的是扁平化风格的相机图标，运用一些简单的技巧来让扁平化图标带有微弱的阴影和高光效果。设计的重点有两个，一个是渐变搭配微弱色彩制作的星空背景；另一个是摄像头的制作，制作摄像头的精髓在于高光可以让镜头立马凸显出来。

◎ 配色分析

本案例采用蓝紫色渐变制作星空背景，观察各种星空照片可以得知星空的主要色系为蓝色和紫色。建议使用黑、白、灰搭配背景色系来制作镜头。最后搭配用红、黄、蓝三原色制作的彩带来让画面更生动，同时也丰富了画面色彩。

相机图标主要应用于拍摄类型的App，设计此类图标时建议使用镜头或相机元素，这样可以让用户从众多图标中立马分辨出该类型的App。有镜头元素的图标建议能将镜头作为视觉焦点。

主色 （R96, G72, B160） （R28, G105, B216）

辅色 （R233, G204, B16）（R82, G150, B185）（R244, G100, B92）

---

01 新建文档 执行"文件>新建"命令，在打开的"新建"对话框中设置参数，然后单击"确定"按钮，新建一个文档。

02 制作背景 按住Alt键双击背景图层，将背景图层转换成普通图层，然后执行"图层>图层样式>渐变叠加"命令，给背景添加一个从白色到（R209，G209，B209）的渐变叠加。

03 创建圆角矩形 选择"圆角矩形工具"，然后在画布上单击，新建一个圆角矩形。

04 添加渐变叠加 选择"圆角矩形1"图层，然后执行"图层>图层样式>渐变叠加"命令，给背景添加一个从（R96，G72，B160）到（R28，G105，B216）的渐变叠加。

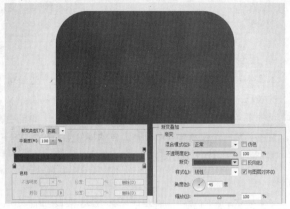

05 绘制椭圆形 选择"椭圆工具"，然后在"圆角矩形1"图层上方绘制一个椭圆，颜色为（R17，G137，B196）。

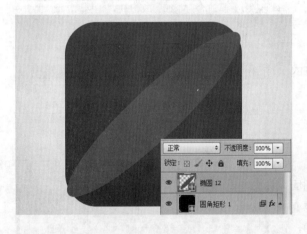

06 调整效果 选择"椭圆12"图层，然后在"属性"面板中设置它的羽化值为30像素，在"图层"面板中设置它的不透明度为50%。

07 创建剪贴蒙版 选择"椭圆12"图层，然后按快捷键Ctrl+Alt+G将其创建为剪贴蒙版作用于下面的图层（图形消失的解决办法已经在之前提示过，自己回想一下，之后不会再提示了）。

08 **制作星辰** 选择"椭圆工具",在圆角矩形上方随意绘制一些大小不一的圆形作为星辰效果,颜色为(R0,G219,B246)。

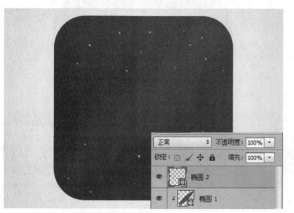

09 **制作星球效果** 选择"椭圆工具",在圆角矩形上方随意绘制一些大小不一的白色圆形作为星球效果。

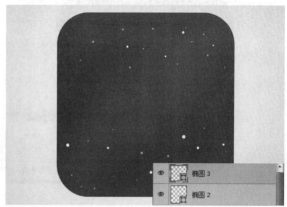

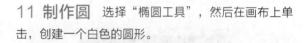

10 **制作效果** 选择星球图层,然后在"属性"面板中设置它的羽化值为1像素,在"图层"面板中设置它的不透明度为50%。

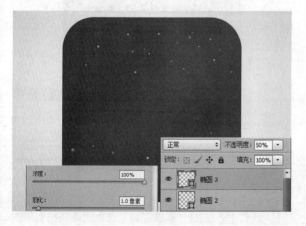

11 **制作圆** 选择"椭圆工具",然后在画布上单击,创建一个白色的圆形。

12 **制作圆** 选择"椭圆工具",然后在画布上单击,创建一个灰色的圆形,色值为(R224,G224,B224)。

13 **制作圆** 选择"椭圆工具"，然后在画布上单击，创建白色的圆形。

14 **制作圆** 选择"椭圆工具"，然后在画布上单击创建圆形，颜色为（R49，G88，B112）。

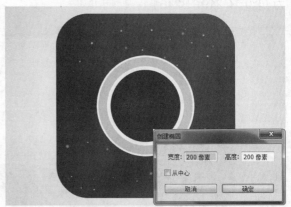

15 **制作圆** 选择"椭圆工具"，然后在画布上单击创建圆形，颜色为（R39，G121，B175）。

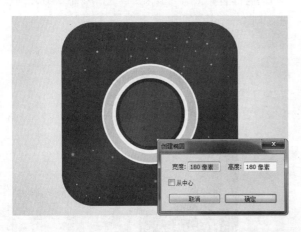

16 **制作圆** 选择"椭圆工具"，然后在画布上单击创建圆形，颜色为（R34，G105，B153）。

17 **制作圆** 选择"椭圆工具"，然后在画布上单击创建圆形，颜色为（R41，G128，B185）。

18 **制作圆** 选择"椭圆工具"，然后在画布上单击创建圆形，颜色为（R30，G146，B222）。

19 制作高光 选择"椭圆工具",然后在画布中绘制出镜头高光的效果。

20 制作阴影 选择底层的白色圆图层,然后在这个图层的下方绘制一个与它一样大的黑色圆形,并将其向下移动。

21 制作效果 选择黑色圆图层,然后将它的不透明度改为20%。

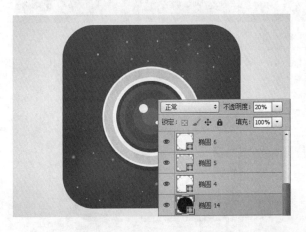

22 添加文本 选择另一个白色圆图层,然后选择"横排文字工具",顺着白色圆形的路径单击并输入文本。

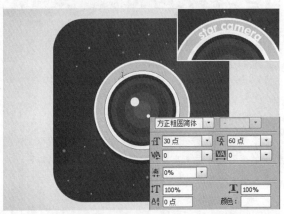

23 制作竖纹 选择"矩形工具",然后在镜头内容图层的下方绘制一个矩形条,颜色为(R233,G204,B16)。

24 复制矩形 选择矩形条,然后按快捷键Ctrl+J将其复制两次,并分别向左、右移动,接着分别改变矩形的颜色为(R82,G150,B185)和(R244,G100,B92)。

25 制作弥散阴影 选择底层的圆角矩形,然后将其复制一次,接着选择下方的圆角矩形,再在"属性"面板中设置它的羽化值为15像素。

26 制作展示效果 为了将图标设计得更加好看,可以为图标制作展示背景。

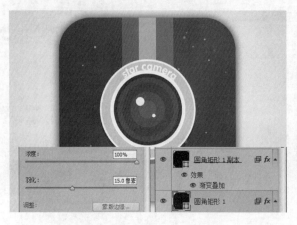

7.3
日历图标

» 源文件路径 CH07>渐变日历图标>渐变日历图标.psd
» 素材路径 无

◎ 设计思路
本案例制作的是一个加入了渐变背景的日历图标,该图标的主要特点是用清爽的颜色渐变制作的质感背景,难点在于对阴影和字体变形比例的把握。

◎ 配色分析
本案例采用同色系渐变制作日历背景,没有需要特别注意的配色要点,主要就是对阴影的深浅程度的把握。

(R5, G170, B122)　　　　(R14, G207, B177)

日历图标主要应用于日期查看类型的App。日历图标几乎都会在图标的视觉中心放置当天的日期,以便于用户在众多图标中通过数字快速定位该类型的App。

01 新建文档 执行"文件>新建"命令,在打开的"新建"对话框中设置参数,然后单击"确定"按钮,新建一个文档。

02 制作背景 按住Alt键双击背景图层，将背景图层转换成普通图层，然后执行"图层>图层样式>渐变叠加"命令，给背景添加一个从（R240，G236，B235）到（R225，G231，B235）的渐变叠加。

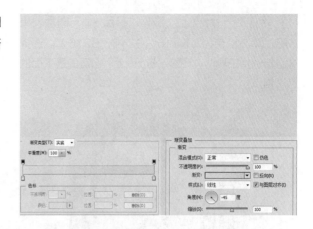

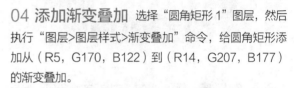

03 创建圆角矩形 选择"圆角矩形工具"，然后在画布上单击，新建一个圆角矩形。

04 添加渐变叠加 选择"圆角矩形1"图层，然后执行"图层>图层样式>渐变叠加"命令，给圆角矩形添加从（R5，G170，B122）到（R14，G207，B177）的渐变叠加。

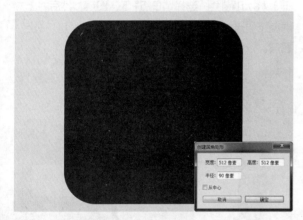

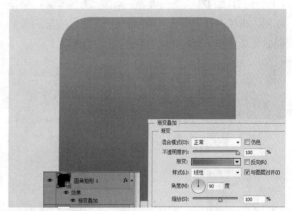

05 创建圆角矩形 选择"圆角矩形工具"，然后在画布上单击，新建一个白色的圆角矩形。

06 复制圆角矩形 选择白色圆角矩形图层，然后按快捷键Ctrl+J将其复制两次，再隐藏其中的一个图层，并分别命名。

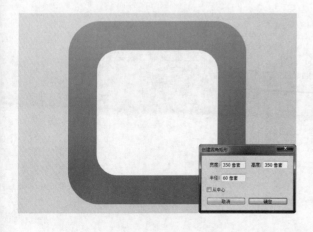

07 制作日历-上 选择"日历-上"图层，更改它的填充颜色为（R216，G216，B216）。选择"直接选择工具"，删除"日历-上"图层的最下面的两个锚点。

08 移动锚点 选择"日历-上"图层，然后将下方的两个锚点向上移动至中间位置。

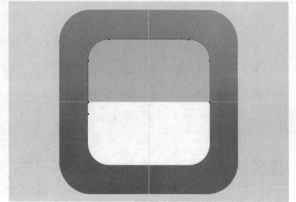

09 制作日历-下 选择"日历-下"图层，然后使用"直接选择工具"，删除"日历-下"图层的最上面的两个锚点（暂时隐藏"日历-上"图层）。

10 移动锚点 选择"日历-下"图层，然后将上方的两个锚点向下移动至中间位置，再显示"日历-上"图层。

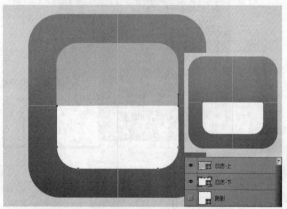

11 移动锚点 选择"日历-上"图层，然后使用"直接选择工具"，将上方的4个锚点向下移动。

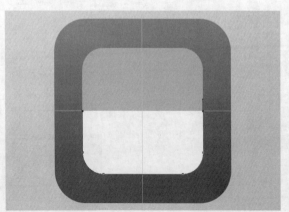

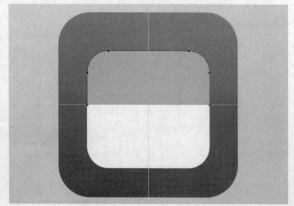

12 改变形状 选择"日历-上"图层，然后执行"编辑>变换路径>透视"命令，接着将左上和右上的锚点向外移动至合适位置。

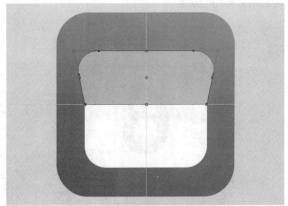

13 制作厚度 选择"日历-上"图层，然后按快捷键Ctrl+J将其复制一次，将下面的图层命名为"日历-厚度"，再更改颜色为（R83，G83，B83），接着向上移动至合适的位置。

14 制作阴影 显示隐藏的"阴影"图层，然后改变它的颜色为黑色，接着设置它的图层不透明度为20%。

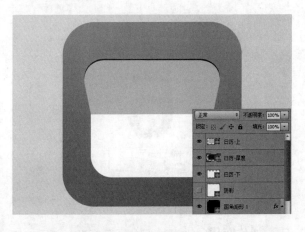

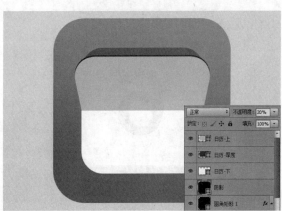

15 添加文本 选择"横排文字工具"，然后在画布上输入文本。

16 复制文本 选择文本，然后按快捷键Ctrl+J将其复制一次，接着重命名两个图层。

17 添加蒙版 选择"6-下"图层，然后按住Ctrl键单击"日历-下"图层的缩览图载入选区，接着单击"添加图层蒙版"按钮。

18 继续添加蒙版 选择"6-上"图层，然后按住Ctrl键单击"日历-上"图层的缩览图载入选区，接着单击"添加图层蒙版"按钮。

19 改变颜色 选择"6-上"图层，然后改变它的颜色为（R60，G60，B60）。

20 合并图层 选择"6-上"图层，然后在该图层的下方新建一个图层，再选择两个图层，接着按快捷键Ctrl+E合并图层。

21 制作透视 选择"6-上"图层，然后按快捷键Ctrl+T，再将其向下稍微缩小，接着单击鼠标右键选择"透视"命令，再将左上和右上的锚点向外移动。

22 制作倒影 选择底层的圆角矩形，然后按快捷键Ctrl+J将其复制一次，再在图层上单击鼠标右键栅格化图层样式。

23 移动图形 选择"倒影"图层,然后执行"编辑>变换>水平翻转"命令,接着将其向下移动。

24 制作蒙版 选择"倒影"图层,然后执行"图层>图层蒙版>隐藏全部"命令,接着使用白色的柔角笔尖,在图层蒙版上涂抹。

7.4
加速图标

» 源文件路径　CH07>火箭加速图标>火箭加速图标.psd
» 素材路径　无

◎ 设计思路
本案例制作的是加速图标,通过联想决定采用火箭元素来进行创作。为了突出主体火箭,因此采用了大面积纯净的深色作为背景。为了避免图标效果单一,因此添加了一些山体元素。在绘制山体元素时注意山的亮面和暗面。

◎ 配色分析
本案例采用深色系作为背景,山体元素和火箭元素都采用了浅色系以拉开层次,配色没有过多要求,主要是对层次的把握。

加速图标主要应用于安全类型的App,图标大都会带有动态的效果,用于清理手机中的一些缓存,而通过加速这个词可以自然而然地联想到如火箭、奔跑或跑车等元素来进行设计。

(R99, G93, B87) (R152, G143, B130) (R186, G177, B163) (R248, G243, B236)

01 新建文档 执行"文件>新建"命令,在打开的"新建"对话框中设置参数,然后单击"确定"按钮,新建一个文档。

02 制作背景 按住Alt键双击背景图层，将背景图层转换成普通图层，然后执行"图层>图层样式>渐变叠加"命令，给背景添加一个从（R215，G210，B203）到（R198，G191，B182）的渐变叠加。

03 创建圆 选择"椭圆工具"，然后在画布上单击，新建一个圆形，颜色为（R99，G93，B87）。

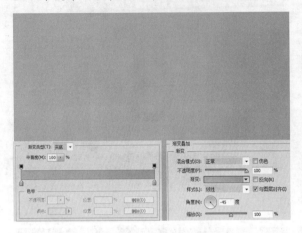

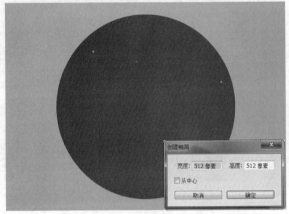

04 添加内阴影 选择"椭圆1"图层，然后执行"图层>图层样式>内阴影"命令，给圆添加内阴影效果。

05 添加描边 选择"椭圆1"图层，然后执行"图层>图层样式>描边"命令，给圆添加1像素的描边。

06 制作山体 选择"钢笔工具",然后在画布上制作出山体的效果,颜色为(R246,G235,B220)。

07 完成山体 选择"钢笔工具",然后在画布上用不同的颜色形状制作出山体的效果,其他颜色参考(R186,G177,B163)和(R152,G143,B130)。

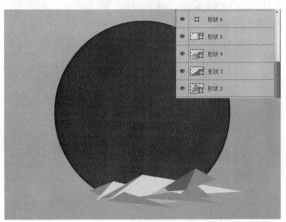

08 创建剪贴蒙版 选择所有的形状图层,然后按快捷键Ctrl+Alt+G将它们作为剪贴蒙版作用于下面的"椭圆1"图层,再将它们编组。

09 制作椭圆 选择"椭圆工具",然后在画布上单击,创建一个椭圆形,颜色为(R248,G243,B236)。

10 删除锚点 选择"直接选择工具"，然后删除椭圆右侧的锚点。

11 改变锚点形状 选择"直接选择工具"，然后拖曳锚点改变左侧椭圆的形状。

12 复制形状 选择刚才调整好的形状，然后按快捷键Ctrl+J将其复制一次，再执行"编辑>变换路径>水平翻转"命令，接着将其向右移动。

13 添加渐变叠加 选择左边的形状图层，然后执行"图层>图层样式>渐变叠加"命令，给它添加一个从（R183，G174，B165）到（R245，G237，B227）到白色的渐变叠加。

14 添加渐变叠加 选择右边的形状图层，然后执行"图层>图层样式>渐变叠加"命令，给它添加一个从白色到（R245，G237，B227）到（R204，G195，B186）的渐变叠加。

15 制作左机翼 选择"钢笔工具"，然后在"左机身"图层的下方制作出左侧机翼，颜色为（R248，G243，B236），在制作时，上面的边稍微弯曲，下面的边多弯曲些。

16 制作右机翼 选择左侧机翼，然后按快捷键Ctrl+J将其复制一次，再执行"编辑>变换路径>水平翻转"命令，接着将其向右移动。

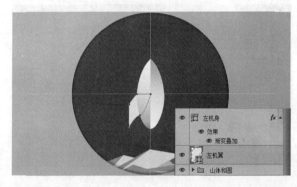

17 添加渐变叠加 选择左侧机翼，然后执行"图层>图层样式>渐变叠加"命令，给它添加一个从黑色到白色的渐变叠加。

18 添加渐变叠加
选择右侧机翼，然后执行"图层>图层样式>渐变叠加"命令，给它添加一个从黑色到白色的渐变叠加。

19 制作左侧翼
选择"圆角矩形工具"，然后在左侧机翼的侧边单击，添加一个圆角矩形，作为左侧翼，颜色为（R248，G243，B236）。

20 制作右侧翼
选择"圆角矩形工具"，然后在右侧机翼的侧边单击，添加一个圆角矩形，作为右侧翼，颜色为（R248，G243，B236）。

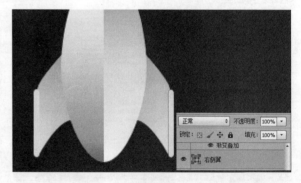

21 添加渐变叠加
选择左侧翼，然后执行"图层>图层样式>渐变叠加"命令，给它添加一个从白色到黑色到白色的渐变叠加，接着将该效果同样作用于右侧翼。

22 制作底座 选择"矩形工具",然后在机体下方绘制一个底座,颜色为(R239,G236,B232)。

23 添加锚点 选择"添加锚点工具",然后在矩形中间添加两个锚点。

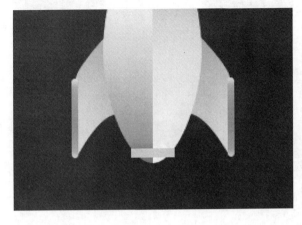
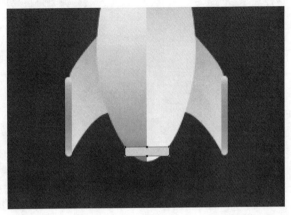

24 移动锚点 选择"直接选择工具",然后选择刚才添加的两个锚点,并向下移动,接着选择左下和右下的锚点,向内移动。

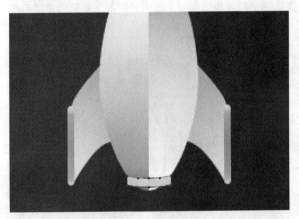
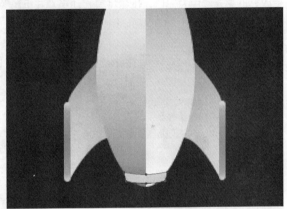

25 添加渐变叠加 选择底座图层,然后执行"图层>图层样式>渐变叠加"命令,给它添加一个从白色到黑色的渐变叠加。

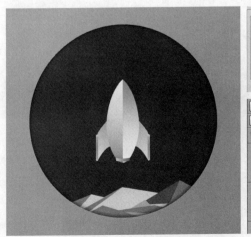

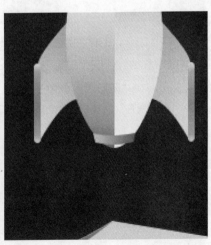

26 调整机身 制作完底座后发现机身有一些溢出（如果锚点移动得较多则不会溢出）。选择"直接选择工具"，将机身溢出部分的锚点向上移动，然后将锚点与底座贴合。

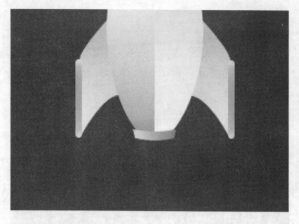 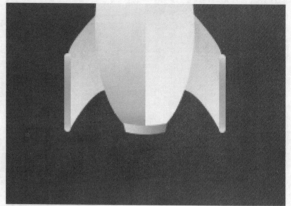

27 制作左机翼阴影 选择"左机身"图层，然后按快捷键Ctrl+J将其复制一次，再清除它的图层样式，并更改它的填充颜色为黑色，接着将其移动至"左机翼"图层的上方，重命名为"左机翼阴影"，最后将其向左移动一点。

28 更改不透明度 选择左机翼阴影，然后按快捷键Ctrl+Alt+G将其作为剪贴蒙版作用于"左机翼"图层，接着在"图层"面板中改变它的不透明度为20%，在"属性"面板中改变它的羽化值为1像素。

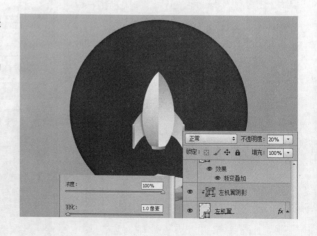

29 制作右机翼阴影 使用同样的方法制作出右机翼阴影。

30 制作长阴影 用之前长阴影的绘制方法，制作出图标的长阴影。

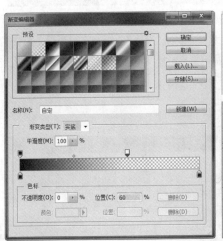

31 添加长阴影 使用同样的方法，分边为机体的上、下部分和左、右侧翼制作长阴影效果。

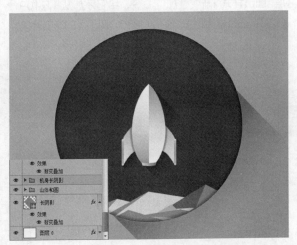

32 添加文本 选择"横排文字工具"，然后在画布上输入文本，颜色为（R206，G200，B192）。

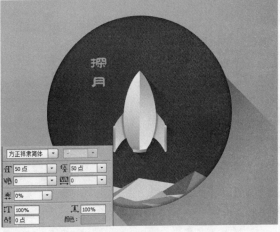

7.5

导航图标

» 源文件路径　CH07>创意导航图标>创意导航图标.psd
» 素材路径　CH07>创意导航图标>渐变背景素材.png

◎ 设计思路

本案例制作的是导航图标，通过联想构思出了一个被勾住的鱼的创意，然后将设计创意抽象化为一些图形运用到作品里，最后添加一些较为流行的设计手法给图标赋予更多的质感，使其简约但却不单调。

◎ 配色分析

本案例的背景采用了同色系渐变，这种设计使用任何同色系渐变都会很好看（颜色差异大会使图标失去质感，颜色单一会使图标索然无味）。

（R109，G210，B38）　　（R169，G230，B66）　　（R56，G71，B53）

导航图标主要应用于定位类型的App。本案例主要就是通过坐标形状延伸思维，设计出尾巴和勾住导航的船锚或鲸钩。本案例为扁平化风格，主要会用到渐变、形状工具和样式等。

---

01 新建文档　执行"文件>新建"命令，在打开的"新建"对话框中设置参数，然后单击"确定"按钮，新建一个文档。

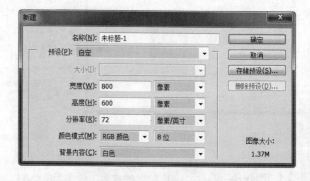

02 创建圆角矩形　选择"圆角矩形工具"，在画布上单击，创建一个圆角矩形。

03 添加渐变叠加　选择圆角矩形，然后执行"图层>图层样式>渐变叠加"命令，给它添加从（R109，G210，B38）到（R169，G230，B66）的渐变叠加。

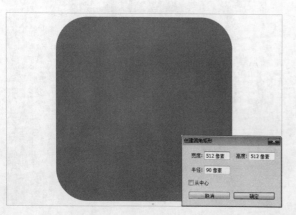

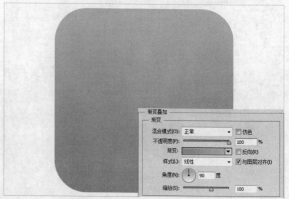

04 绘制圆

选择"椭圆工具",然后在画布上单击绘制一个圆形,颜色为(R56,G71,B53)。这里采用一种接近环境色的颜色(深色)比采用黑色效果会好很多。

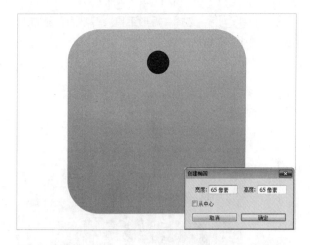

05 绘制圆

选择"椭圆工具",然后在圆形中间绘制一个圆形,颜色随意。

06 合并图层

选择两个圆图层,然后按快捷键Ctrl+E合并这两个图层(颜色会改变为后绘制的圆的颜色)。

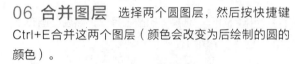

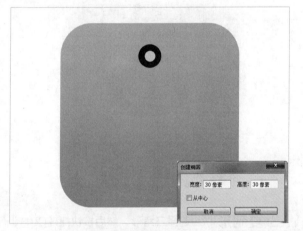

07 布尔图形

使用"路径选择工具"选择内圈的圆,在"路径操作"中改变类型为"减去顶层形状",最后改变形状的填充颜色为(R56,G71,B53)。

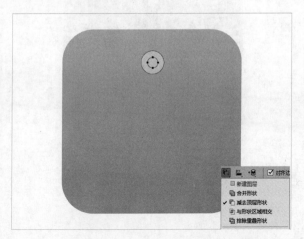

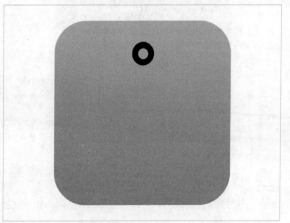

08 创建矩形 选择"矩形工具"，然后在画布上单击，创建一个矩形。

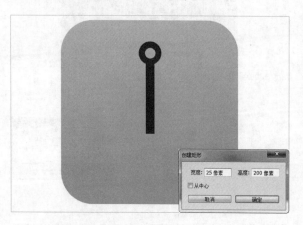

09 创建矩形 选择"矩形工具"，然后在画布上单击，创建一个矩形。

10 创建椭圆 选择"椭圆工具"，然后在画布上单击，创建一个椭圆。

11 删除锚点 选择"直接选择工具"，然后删除椭圆上方的锚点。

12 绘制三角形 选择"多边形工具"，然后在锚点的左侧绘制一个正三角形。

13 复制形状 选择三角形，然后按快捷键Ctrl+J将其复制一次，并向右移动。

🔔 **提示**

按住Shift键绘制，可以通过旋转鼠标绘制出一些角度规则的三角形。

14 **编辑形状** 选择所有的形状图层，然后将它们链接起来，接着将它们向上移动。

15 **创建蒙版** 选择顶部冒出去圆形的图层，然后按住Ctrl键单击圆角矩形的缩览图，再单击"添加图层蒙版"按钮。

16 **创建椭圆** 选择"椭圆工具"，然后在画布上单击，创建一个椭圆。

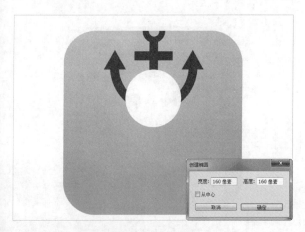

17 **布尔图形** 用之前的方法，布尔内圆。

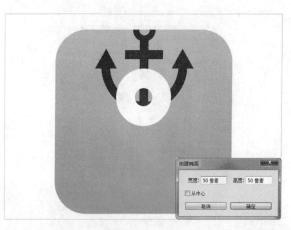

18 **移动锚点** 选择"直接选择工具"，然后将椭圆下方的锚点向下拖曳。

19 **转换锚点类型** 选择"转换点工具"，单击刚才移动的锚点，将其转换成直角锚点。

20 绘制三角形
选择"多边形工具"，然后在坐标图形下方绘制一个三角形，再将坐标图形与三角形的尖端对齐，接着将这两个图层合并。

21 旋转移动形状
选择坐标图形，然后按快捷键Ctrl+T将其旋转30°，接着将其稍微移动使其内侧边与锚的边缘贴近（暂时调低不透明度以便观察）。

22 强化细节
选择锚左边的三角形，然后给它布尔减去一个圆形。

23 制作右边锚
给右边的三角形同样布尔掉一个圆形。

24 制作长阴影
给坐标图形制作出一个长阴影效果，尾部和身体要分开制作。之前已经讲过如何制作长阴影效果了，这里就不细致讲解长阴影的制作步骤了，希望读者可以根据需求制作出合适的长阴影，长阴影的角度为45°。

25 添加蒙版 给两个长阴影效果分别添加上圆角矩形的蒙版,让它们只显示圆角矩形内的部分。

26 隐藏不需要的部分 选择大的长阴影,然后使用黑色"画笔工具"将多余的部分涂抹掉(如下图所示)。

27 调整不透明度 选择两个长阴影图层,然后改变它们的图层不透明度为10%。

🔔 **提示**

这里调低坐标图形的不透明度,让读者更为清晰地观察一下擦除的效果。

28 添加投影 选择坐标图形,然后执行"图层>图层样式>投影"效果,投影的颜色为(R85,G175,B20),比背景的绿色稍微深一点。

29 复制图形 选择锚中最大的半圆图形,然后将其复制出来移动到图层的最上方,再解除它的图层链接。

30 添加蒙版 选择该半圆图形，然后给它添加一个图层蒙版，接着用黑色"画笔工具"涂抹图形的左边部分，使其隐藏（硬度最好设置为100%）。

31 制作蒙版 此时可以观察到效果大致已经出来了，同时也看到坐标图形的部分投影效果被显示，使用白色"画笔工具"涂抹显示的投影效果就可以将其隐藏。

32 盖印图层 在图层的最上方新建一个图层，然后隐藏背景图层，接着按快捷键Ctrl+Shift+Alt+E盖印图层。

33 制作投影 选择盖印出来的图层，然后按快捷键Ctrl+T将其垂直翻转，接着向下移动，然后改变它的图层不透明度为44%，显示背景图层。

34 添加投影质感 选择"圆角矩形 1"图层，然后执行"图层>图层样式>投影"命令，给它添加一个投影效果，颜色为比背景稍深的绿色（R104，G190，B37）。

35 添加背景 打开"渐变背景素材.png"，然后将其拖曳到当前文档中，此时可以观察到背景过于清晰，接着执行3次"碎片"滤镜，模糊其效果。

第8章

拟物化的图标

本章的案例可以帮助读者了解如何将各种图层样式的效果组合起来制作拟物化风格的图标。在制作的过程中，读者最好可以掌握不同的拟物化效果的实现方法，以在其他的案例中使用。其中一些细节的添加是制作拟物化风格图标时非常重要的环节，读者应加以重视。

* 时钟图标   * 调节图标   * 拟物图标
* 播放图标   * 聊天图标

8.1

时钟图标

» 源文件路径　CH08>拟真时钟图标>拟真时钟图标.psd
» 素材路径　无

◎ 设计思路

本案例制作的是拟真质感时钟图标，通过各种阴影效果和
高光效果来模拟真实的时钟，主要学习的是细节的模拟。

◎ 配色分析

本案例中用的色彩偏浅，设计优点为各种细节的模拟。
拟物风格图标的设计重点为模拟各种效果，配色上没有
特别需要注意的，主要是采用暗色系的颜色来制作各种
组件以拉开层次。

时钟图标主要应用于时间查看类型的App，图标的表现形
式有两种，一种是通过数字进行设计，另一种是通过表
盘进行设计，如果再往外发散的话可以考虑模拟手表。

（R134，G15，B15）　　　　　（R41，G35，B35）

---

01 新建文档　执行"文件>新建"命令，在打开
的"新建"对话框中设置参数，然后单击"确定"按
钮，新建一个文档。

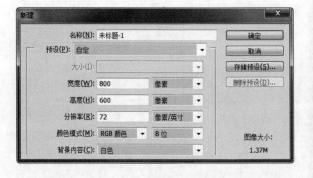

---

02 制作背景　设置前景色为（R221，G221，
B221），然后按快捷键Alt+Delete为背景填充前景色。

03 制作钟体　选择"椭圆工具"，然后在画布上
单击，新建一个圆形。

04 添加渐变叠加　选择"钟体"图层，然后执行"图层>图层样式>渐变叠加"命令，给钟体添加一个从（R248，G248，B246）到（R224，G222，B219）的渐变叠加。

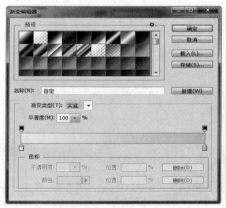

05 添加描边　选择"钟体"图层，然后执行"图层>图层样式>描边"命令，给背景添加3像素的描边，描边颜色为（R228，G228，B228）。

06 添加投影　选择"钟体"图层，然后执行"图层>图层样式>投影边"命令，给钟体添加投影效果。

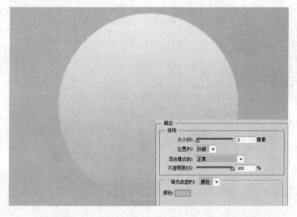
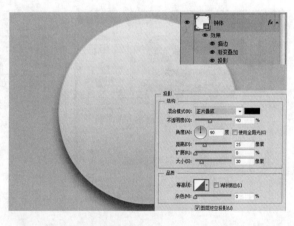

07 制作针盘　选择"椭圆工具"，然后在画布上单击，新建一个圆形。

08 添加渐变叠加　选择"针盘"图层，然后执行"图层>图层样式>渐变叠加"命令，给针盘添加一个从（R229，G227，B224）到（R248，G248，B246）的渐变叠加。

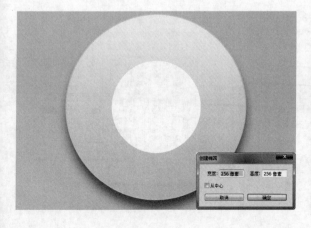
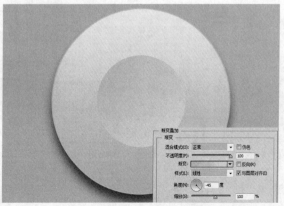

09 添加描边
选择"针盘"图层，然后执行"图层>图层样式>描边"命令，给针盘添加描边效果。

10 制作针盖
选择"椭圆工具"，然后在画布上单击，新建一个圆形。

11 制作渐变叠加
选择"针盖"图层，然后执行"图层>图层样式>渐变叠加"命令，给针盖添加灰、白、灰、白、灰、白、灰的渐变叠加。

12 制作描边
选择"针盖"图层，然后执行"图层>图层样式>描边"命令，给针盖添加描边效果，颜色为（R46，G32，B0）。

13 制作投影
选择"针盖"图层，然后执行"图层>图层样式>投影"命令，给针盖添加投影效果。

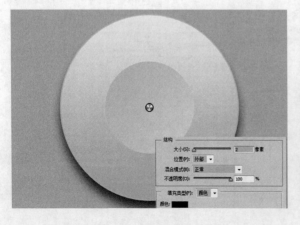

14 制作时针 选择"矩形工具"，然后在画布上单击，创建一个矩形，颜色为（R41，G35，B35），图层位于"针盖"和"针盘"中间。

15 移动锚点 选择"直接选择工具"，然后向内移动时针左上角和右上角的锚点。

16 添加投影 选择"时针"图层，然后执行"图层>图层样式>投影"命令，给时针添加投影效果，接着将其向左旋转30°。

17 制作分针 使用同样的方法制作出分针，分针要长于时针。

18 制作秒针 使用同样的方法制作出秒针，秒针长度等于分针，秒针宽度窄于分针，不收缩锚点，颜色为（R134，G15，B15），微调投影参数。

19 添加文本 选择"横排文字工具"，然后在合适的位置分别添加上时间文本。

20 添加投影 给所有的文本图层添加一个"投影"样式。

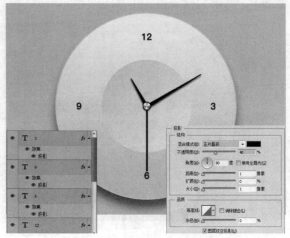

21 制作钟带 选择"矩形工具"，然后使用类似制作时针的方法制作出钟带。

22 制作投影 给两个钟带添加一个"投影"效果，然后移动图层至背景图层的上方。

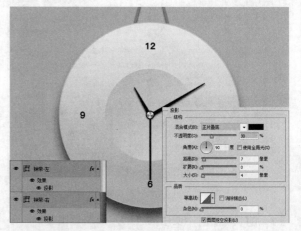

23 制作展示效果 为了将图标设计得更加好看，可以为图标添加展示背景。

调节图标

» 源文件路径　CH08>调节亮度图标>调节亮度图标.psd
» 素材路径　CH08>调节亮度图标>亮度.png、太阳.png、月亮.png

◎ 设计思路

本案例制作的是拟真亮度调节图标，通过各种阴影效果和
高光效果来模拟调节图标，主要学习的也是细节部分包括
高光和阴影，以及各种边缘细节、凹槽细节的调整方法。

◎ 配色分析

本案例同拟真时钟案例，设计优点为各种细节的模拟。
本案例中色彩使用得较好的是渐变红色，以对红色亮度
的控制来拉开层次，让颜色不会过于呆板和平面化。

（R205，G0，B0）　　　　　（R255，G26，B0）

调节图标主要应用于开关类型的App。调节亮度、温
度和挡位等的图标以各种按钮和刻度为设计的主体
元素。

01 新建文档 执行"文件>新建"命令，在打开
的"新建"对话框中设置参数，然后单击"确定"按
钮，新建一个文档。

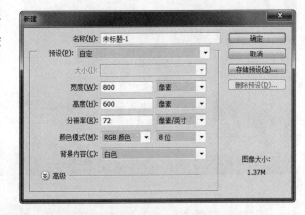

02 制作背景 按住Alt键双击背景图层，将背景图层转换成普通图层，然后执行"图层>图层样式>渐变叠
加"命令，给背景添加一个从（R161，G165，B174）到（R238，G242，B243）的渐变叠加。

03 添加质感 选择背景图层，然后按快捷键 Ctrl+J将其复制一次，再转换为智能对象，接着执行 "滤镜>杂色>添加杂色"命令，给它添加杂色效果。

04 制作浮雕效果 继续选择该图层，然后执行 "滤镜>风格化>浮雕效果"命令，给它添加浮雕效果。

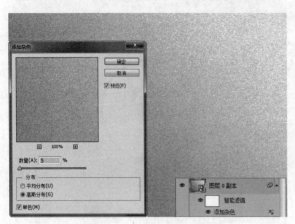
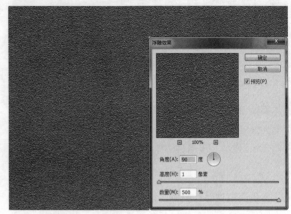

05 改变混合模式 继续选择该图层，然后改变它的图层混合模式为叠加。

06 制作圆角矩形 选择"圆角矩形工具"，然后在画布上单击，新建一个圆角矩形，命名为"图标背景"。

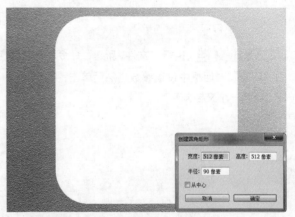

07 添加渐变叠加 选择"图标背景"图层，然后执行"图层>图层样式>渐变叠加"命令，给它添加从（R200，G200，B200）到白色的渐变叠加。

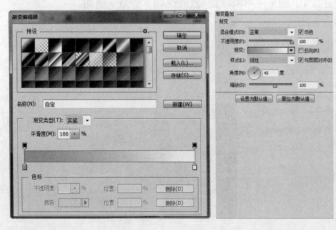

08 添加斜面和浮雕 选择"图标背景"图层，然后执行"图层>图层样式>斜面和浮雕"命令，给它添加斜面和浮雕效果。

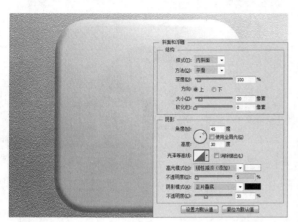

09 制作内阴影 选择"图标背景"图层，然后执行"图层>图层样式>内阴影"命令，给它添加内阴影效果。

10 制作投影 选择"图标背景"图层，然后执行"图层>图层样式>投影"命令，给它添加投影效果。

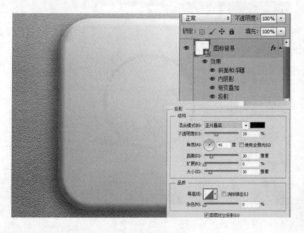

11 制作椭圆 选择"椭圆工具"，然后在画布上单击，创建一个白色椭圆，命名为"大圆"。

12 添加渐变叠加 选择"大圆"图层，然后执行"图层>图层样式>渐变叠加"命令，给它添加从（R205，G0，B0）到（R255，G26，B0）的渐变叠加。

13 添加内阴影
选择"大圆"图层，然后执行"图层>图层样式>内阴影"命令，给它添加内阴影效果。

14 制作内发光
选择"大圆"图层，然后执行"图层>图层样式>内发光"命令，给它添加内发光效果。

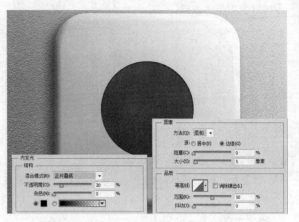

15 制作投影
选择"大圆"图层，然后执行"图层>图层样式>投影"命令，给它添加投影效果。

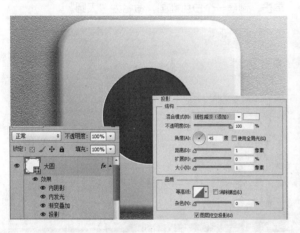

16 制作椭圆
选择"椭圆工具"，然后在画布上单击，创建一个白色椭圆，命名为"中圆"。

17 添加渐变叠加
选择"中圆"图层，然后执行"图层>图层样式>渐变叠加"命令，给它添加从（R200，G200，B200）到白色的渐变叠加。

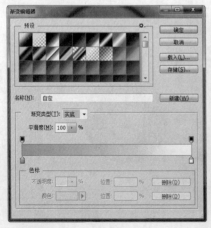

18 添加斜面和浮雕 选择"中圆"图层，然后执行"图层>图层样式>斜面和浮雕"命令，给它添加斜面和浮雕效果。

19 制作投影 选择"中圆"图层，然后执行"图层>图层样式>投影"命令，给它添加投影效果。

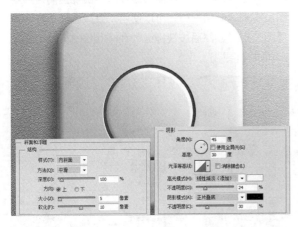

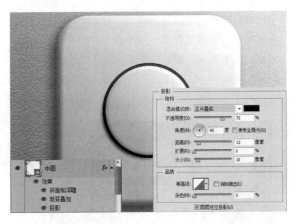

20 导入素材 打开"亮度.png"文件并拖曳至当前文档中。

21 制作效果 选择"大圆"图层，然后复制它的图层样式，粘贴到亮度图层中。

22 制作圆角矩形 选择"圆角矩形工具"，然后在画布上单击，创建一个圆角矩形。

23 复制圆角矩形 复制圆角矩形至合适的位置。

🔔 **提示**

复制的方法为，先复制一次，然后按快捷键 Ctrl+T 自由变换路径，再按住 Alt 键移动圆角矩形的中心点到画布的中心（移动时按 Ctrl++ 或 Ctrl+- 来缩放画布以便对齐），接着在选项栏中设置旋转角度，单击确认，最后按快捷键 Ctrl+Shift+Alt+T 再次变换路径，就可以复制出有规律的圆角矩形。

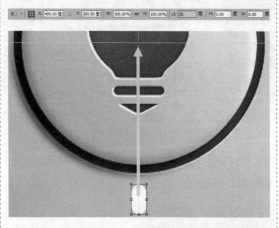

再次变换路径的过程中，可能会碰到多条路径处于同一图层的情况，这时候使用"直接选择工具"选中路径，然后按快捷键 Ctrl+Shift+J 可以剪切出该条路径。

26 复制效果 复制"大圆"图层的图层样式，然后粘贴到"太阳""月亮""白-进度""红-进度"的图层中。

24 圆角矩形合并 按快捷键 Ctrl+E 将上面 3 个圆角矩形合并为一组，将下面 4 个圆角矩形合并为一组，并分别命名（再次变换路径时，出现圆角矩形与图层不规律的情况时，可以使用"直接选择工具"选择圆角矩形，然后按快捷键 Ctrl+Shift+J 将其剪切出来再进行合并）。

25 导入素材 打开"太阳.png"和"月亮.png"文件，然后分别拖曳到当前文档中并移动至合适位置。

27 隐藏效果 选择"月亮"和"白-进度"图层，然后隐藏或删除它们图层样式中的渐变叠加。

28 制作长阴影 使用制作长阴影的方法为图标添加长阴影效果。

8.3

拟物图标

» 源文件路径 CH08>毛绒小黄人图标>毛绒小黄人图标.psd
» 素材路径 无

◎ 设计思路

本案例制作的是毛绒小黄人图标，主要通过毛绒效果、金属效果和浮雕效果来进行设计（没有使用过多、过难的拟真效果来进行创作）。

◎ 配色分析

本案例以橘色作为主体颜色，绒毛采用橘色渐变效果，并为其添加亮度，使拟物图标显得更加自然。

（R218，G126，B23） （R250，G198，B84）

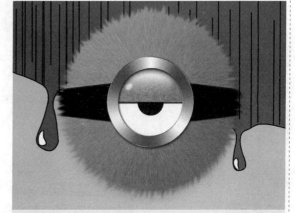

拟物图标以纯粹的毛绒拟物为设计方向，制作出的毛绒效果是学习的关键。其中的金属和镜面效果也需要重点掌握。

01 新建文档 执行"文件>新建"命令，在打开的"新建"对话框中设置参数，然后单击"确定"按钮，新建一个文档。

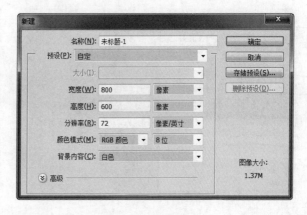

02 **制作背景** 按住Alt键双击背景图层，将背景图层转换成普通图层，然后执行"图层>图层样式>渐变叠加"命令，给背景添加一个从（R184，G184，B184）到（R233，G233，B233）的渐变叠加。

03 **创建圆** 选择"椭圆工具"，然后在画布上单击，新建一个圆形，命名为"身体"。

04 **添加渐变叠加** 选择"身体"图层，然后执行"图层>图层样式>渐变叠加"命令，给它添加从（R218，G126，B23）到（R250，G198，B84）的渐变叠加。

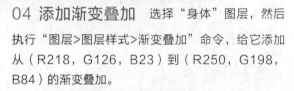

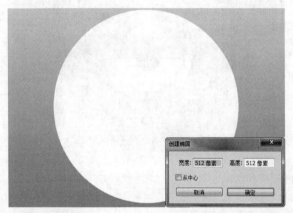
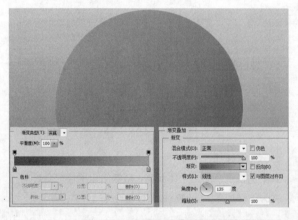

05 **添加杂色** 选择"身体"图层，然后把它转换成智能对象，接着执行"滤镜>杂色>添加杂色"命令，给它添加杂色。

06 **添加径向模糊** 选择"身体"图层，然后执行"滤镜>模糊>径向模糊"命令，给它添加径向模糊。

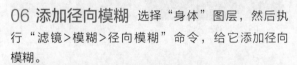

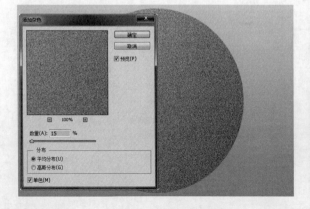
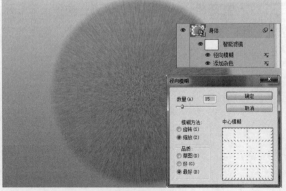

07 **制作身体** 选择"身体"图层，然后按快捷键Ctrl+J将其复制一次，再向下移动并隐藏副本图层，接着栅格化"身体"图层。

08 **涂抹身体** 选择"涂抹工具"，然后选择一个硬度较大的笔尖，在身体上涂抹（这里顺着身体的边缘Z字形来回涂抹，不用一笔一笔地画）。

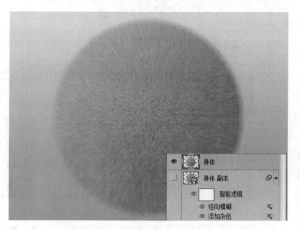

09 **制作眼镜圈** 选择"椭圆工具"，然后在画布上创建一个椭圆。

10 **添加渐变叠加** 选择"眼镜圈"图层，然后执行"图层>图层样式>渐变叠加"命令，给眼镜圈添加白、灰、白、灰、白、灰、白的渐变叠加。

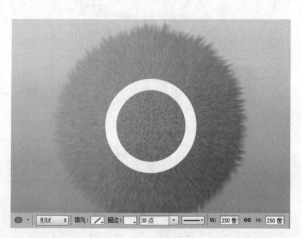

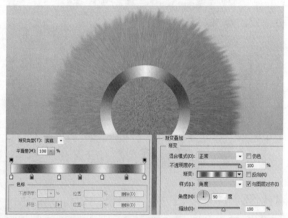

11 **添加描边** 选择"眼镜圈"图层，然后执行"图层>图层样式>描边"命令，给眼镜圈添加描边效果，描边类型为渐变。

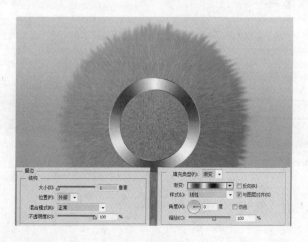

12 添加投影
选择"眼镜圈"图层，然后执行"图层>图层样式>投影"命令，给眼镜圈添加投影效果。

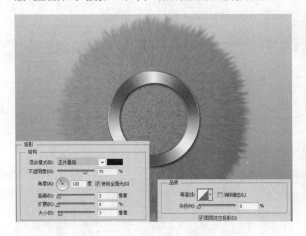

13 制作眼镜带
选择"矩形工具"，在"身体"和"眼镜圈"图层之间绘制眼镜带（矩形）。

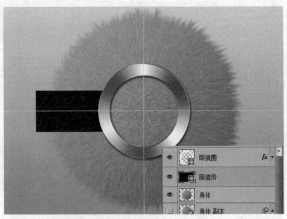

14 移动锚点
选择"眼镜带"图层的左上、左下锚点，然后分别向内移动。

15 添加斜面和浮雕
选择"眼镜带"图层，然后执行"图层>图层样式>斜面和浮雕"命令，给眼镜带添加斜面和浮雕效果。

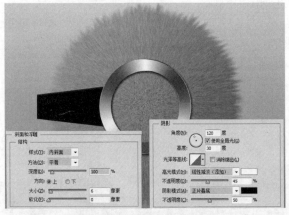

16 添加投影
选择"眼镜带"图层，然后执行"图层>图层样式>投影"命令，给眼镜带添加投影效果。

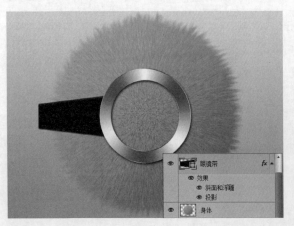

17 制作眼镜带-右
选择"眼镜带"图层，然后按快捷键Ctrl+J将其复制一次，再执行"编辑>变换路径>水平翻转"命令，接着将其向右移动。

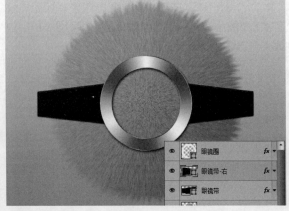

18 添加剪贴蒙版 选择"眼镜带"和"眼镜-右"图层，然后按快捷键Ctrl+Alt+G将其创建为剪贴蒙版作用于下面的图层。

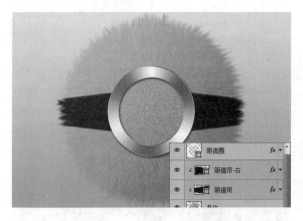

19 绘制眼白 选择"椭圆工具"，然后在"眼镜圈"图层下方制作眼白（圆形）。

20 删除锚点 选择"直接选择工具"，然后删除"眼白"图层上方的锚点。

21 添加透视 选择"眼白"图层，然后执行"图层>图层样式>内阴影"命令，给眼白添加透视效果。

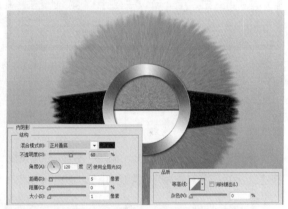

22 添加描边 选择"眼白"图层，然后执行"图层>图层样式>描边"命令，给眼白添加渐变描边效果，渐变颜色为从（R86，G56，B0）到（R255，G172，B11）。

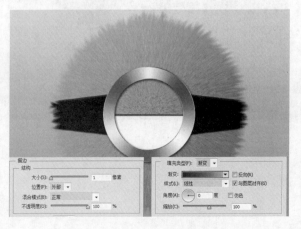

23 制作眼黑 选择"椭圆工具"，然后在画布上单击，创建一个圆形。

24 添加渐变叠加 选择"眼黑"图层,然后执行"图层>图层样式>渐变叠加"命令,给眼黑添加从(R40,G40,B40)到黑色的渐变叠加。

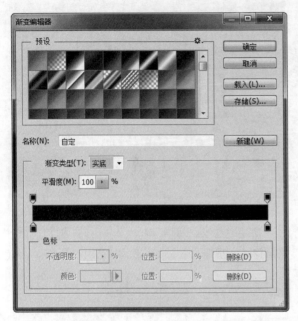

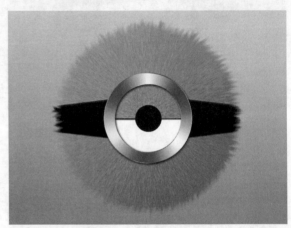

25 创建剪贴蒙版 选择"眼黑"图层,然后按快捷键Ctrl+Alt+G将其作为剪贴蒙版作用于"眼白"图层。

26 制作高光 选择"椭圆工具",然后在图层最上方绘制一个白色椭圆,命名为"高光"。

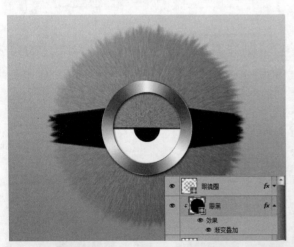

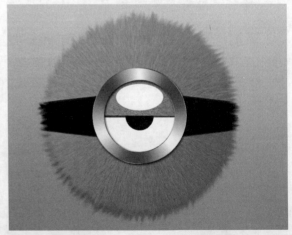

27 添加渐变叠加 选择"高光"图层，然后给它添加一个从白色到白色的渐变叠加，不透明度为0%到100%，接着设置图层的填充为0%。

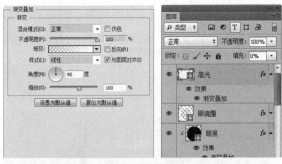

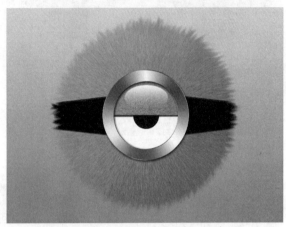

28 设置羽化 选择"高光"图层，然后在"属性"面板中设置它的羽化值为5像素。

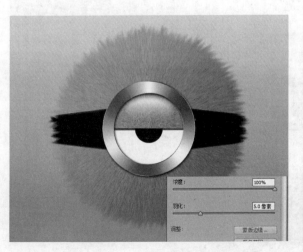

29 制作高亮 选择"椭圆"图层，然后在画布上绘制椭圆，命名为"高亮"。

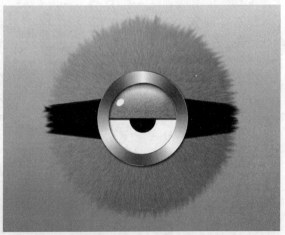

30 设置羽化 选择"高亮"图层，然后在"属性"面板中设置它的羽化值为2像素，接着在"图层"面板中设置它的不透明度为80%。

31 添加投影 选择"身体"图层，然后执行"图层>图层样式>投影"命令，给身体添加投影效果。

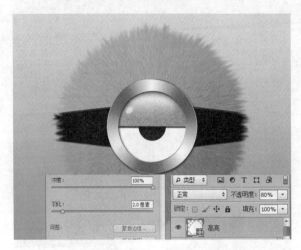

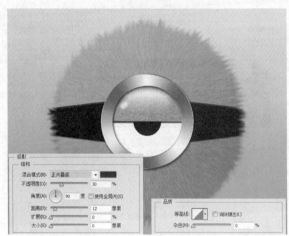

32 制作展示效果 为了将图标设计得更加好看，可以为图标添加一个渐变展示背景。

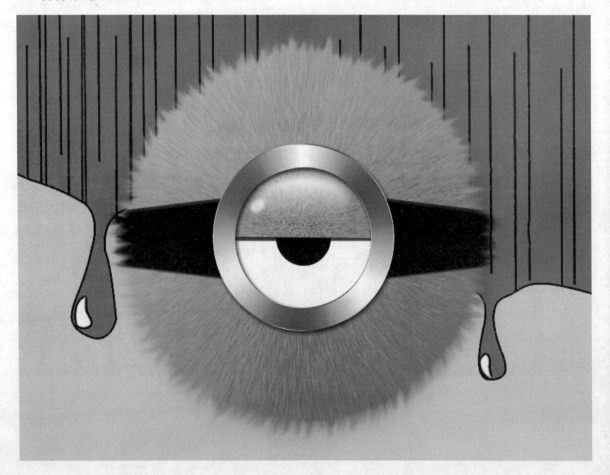

8.4

播放图标

» 源文件路径 CH08>音乐播放图标>音乐播放图标.psd
» 素材路径 无

◎ 设计思路

本案例制作的图标直接模拟了真实的iPod shuffle。本
案例主要学习如何用金属效果、磨砂效果和各种阴影
及高光效果制作真实的物品效果。本案例主要学习的
是细节的模拟，这里没有采用图标的标准尺寸进行设
计，而是根据物品本身的尺寸比例进行设计。

◎ 配色分析

本案例模拟的是金属效果，设计优点为各种高光和阴影
细节的模拟，对于配色没有特别的建议。

播放图标主要应用于音乐播放类型的App。本图标采
用拟物的方法来制作，直接模拟了苹果公司的iPod
shuffle。

01 新建文档 执行"文件>新建"命令，在打开
的"新建"对话框中设置参数，然后单击"确定"按
钮，新建一个文档。

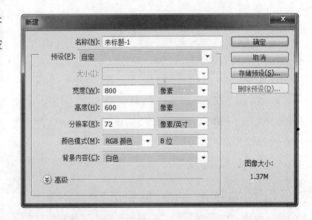

02 制作背景 按住Alt键双击背景图层，将背景图层转换成普通图层，然后执行"图层>图层样式>渐变叠
加"命令，给背景添加一个从（R220，G220，B220）到（R89，G93，B107）的渐变叠加。

03 制作矩形
选择"矩形工具"，然后在画布上单击，新建一个矩形，命名为"本体"。

04 添加渐变叠加
选择"本体"图层，然后执行"图层>图层样式>渐变叠加"命令，给它添加渐变叠加效果。

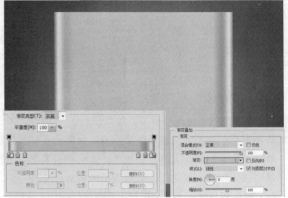

05 添加内阴影
选择"本体"图层，然后执行"图层>图层样式>内阴影"命令，给它添加内阴影效果。

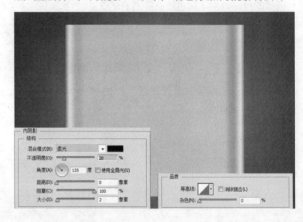

> 🔔 **提示**
> 色标的位置和颜色：0%为（R170，G170，B170）、2%为（R239，G239，B239）、6%为（R209，G209，B209）、11%为（R220，G220，B220）、89%为（R220，G220，B220）、94%为（R187，G187，B187）、98%为（R239，G239，B239）、100%为（R170，G170，B170）。

06 添加内发光
执行"图层>图层样式>内发光"命令，设置"内阴影"和"内发光"是为了体现物体的细节，效果不明显但是不可缺少。

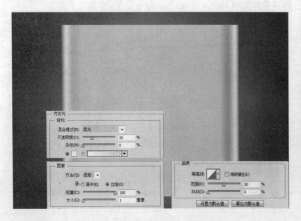

07 制作磨砂效果
选择"本体"图层，然后按快捷键Ctrl+J将其复制一次，再命名为"磨砂"，接着将其转换为智能对象，最后执行"滤镜>杂色>添加杂色"命令，给它添加杂色效果。

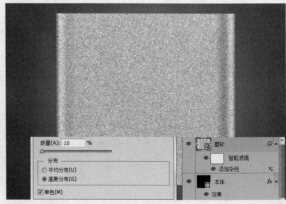

08 调整不透明度 选择"磨砂"图层,然后改变它的图层不透明度为15%。

09 制作椭圆 选择"椭圆工具",然后在画布上单击,创建一个椭圆。

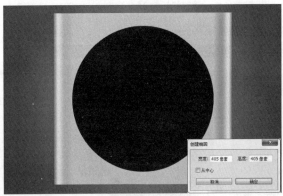

10 添加渐变叠加 选择"椭圆1"图层,然后执行"图层>图层样式>渐变叠加"命令,给椭圆添加一个从(R13,G13,B13)到(R78,G78,B78)的渐变叠加。

11 制作内发光 选择"椭圆1"图层,然后执行"图层>图层样式>内发光"命令,给椭圆添加内发光效果,以模拟出真实物体的一圈黑边。

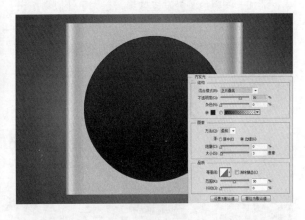

12 添加斜面和浮雕 选择"椭圆1"图层,然后执行"图层>图层样式>斜面和浮雕"命令,给椭圆添加斜面和浮雕效果。

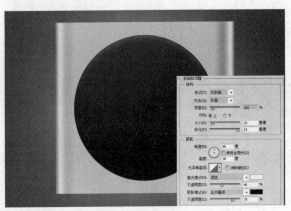

13 绘制椭圆 选择"椭圆工具",然后在画布上单击,创建一个椭圆。

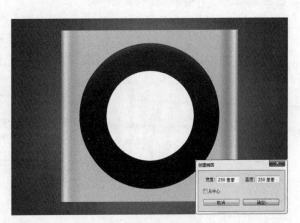

14 添加渐变叠加

选择"椭圆 2"图层，然后执行"图层>图层样式>渐变叠加"命令，给椭圆添加从（R209，G209，B209）到（R225，G225，B225）的渐变叠加。

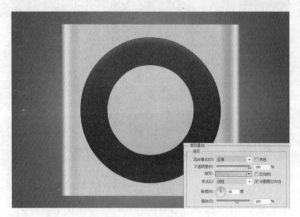

15 添加投影

选择"椭圆 2"图层，然后执行"图层>图层样式>投影"命令，给它添加投影效果。

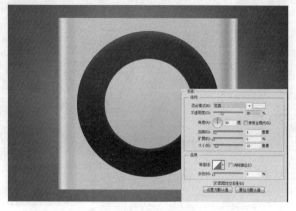

16 添加外发光

选择"椭圆 2"图层，然后执行"图层>图层样式>外发光"命令，给它添加外发光效果，添加一圈黑色的外发光效果，是为了让拟物按钮稍微有一点阴影。

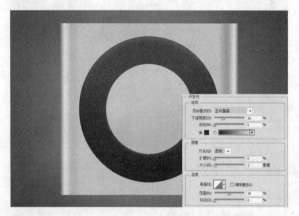

17 制作播放按钮

选择"自定形状工具"，然后选择一个三角形状，接着在画布上单击，创建一个三角形。

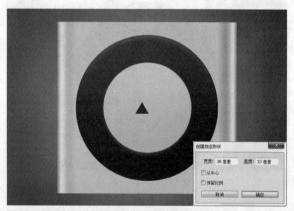

18 旋转三角形

选择三角形图层，命名为play，然后按快捷键Ctrl+T将其逆时针旋转90°。

19 绘制矩形

选择"矩形工具"，然后在画布上绘制两个矩形，矩形大小一致，处于play图层中。

20 添加渐变叠加 选择play图层，然后执行"图层>图层样式>渐变叠加"命令，给它添加从（R13，G13，B13）到（R78，G78，B78）的渐变叠加。

21 添加斜面和浮雕 选择play图层，然后执行"图层>图层样式>斜面和浮雕"命令，给它添加斜面和浮雕效果。

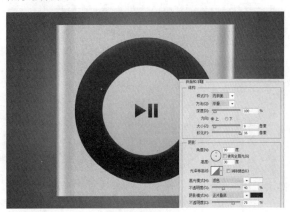

22 添加内发光 选择play图层，然后执行"图层>图层样式>内发光"命令，给它添加斜面和内发光效果。

23 添加投影光 选择play图层，然后执行"图层>图层样式>投影"命令，给它添加投影效果。

24 制作音量符号 使用"横排文字工具"，然后在合适的位置分别制作音量＋和音量－。

25 制作切歌符号 使用"自定形状工具"和"矩形工具"绘制出切歌符号，制作方法和制作播放器按钮的方法类似。

26 复制符号 选择切歌符号，然后按快捷键 Ctrl+J将其复制一次并水平翻转，再移动至左边。

27 添加描边 选择这4个控制符号，然后给它们添加一个描边图层样式，制作方法为先给其中一个制作，然后粘贴图层样式到其他图层。

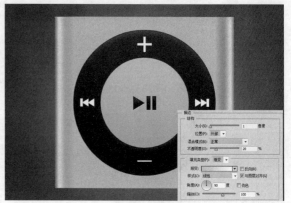

28 制作按钮 选择"矩形工具"，然后在画布上单击，创建一个矩形，命名为"按钮1"。

29 添加渐变叠加 选择"按钮1"图层，然后执行"图层>图层样式>渐变叠加"命令，给它添加渐变叠加效果，接着按快捷键Ctrl+J将其复制一次，命名为"按钮2"。

30 制作展示效果 为了将图标设计得更加好看，可以为图标添加展示背景。

🔔 **提示**

色标的位置和颜色：0%为（R177，G177，B177）、9%为（R38，G38，G38）、29%为白色、59%为（R177，G177，B177）、73%为（R88，G88，B88）、85%为（R177，G177，B177）、100%为（R255，G255，B255）。

8.5

聊天图标

» 源文件路径 CH08>橙子聊天图标>橙子聊天图标.psd
» 素材路径 CH08>橙子聊天图标>背景素材.png、橙子.png

◎ 设计思路

本案例制作的图标直接模拟了真实的橙子。本案例使用变形工具来改变素材的形状，然后搭配一些较亮的颜色来提升图标的层次感，制作出了一种橙汁溢出来的感觉。

◎ 配色分析

本案例以橘色、黄色为主体颜色，搭配一些橘黄色的类似色来作为点缀，让图标更和谐，并且颜色相得益彰，不会过于单调。

(R255, G173, B38) (R255, G241, B145) (R232, G109, B60) (R249, G191, B132)

聊天图标主要应用于文字和语音聊天类型的App。本图标是通过模拟真实的橙子结合聊天类App经常使用的图标元素制作出来的。可以通过改变图标内部的内容来制作出整套图标，如音乐、电话和日历等App的图标。

01 新建文档 执行"文件>新建"命令，在打开的"新建"对话框中设置参数，然后单击"确定"按钮，新建一个文档。

02 制作背景 打开"背景素材.png"文件并拖曳至当前文档中。

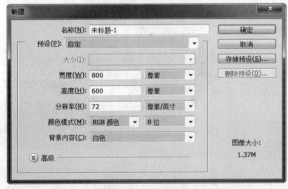

03 制作调整曲线 选择导入的"背景素材"图层，然后按快捷键Ctrl+M，将素材的高光向左拖曳，暗调向右拖曳。

04 制作景深效果 选择刚才导入的背景素材，然后按快捷键Ctrl+J将其复制一次，再将其转换为智能对象，接着执行"滤镜>模糊>高斯模糊"命令，设置参数。

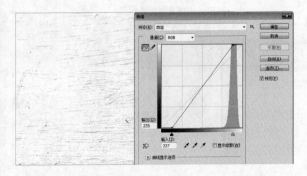

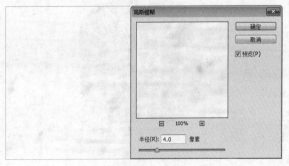

05 添加蒙版
选择复制出来的图层，然后给它添加一个图层蒙版，再使用"渐变工具"给图层蒙版添加一个从白色到黑色的渐变，这里的渐变根据自己的需求来控制。

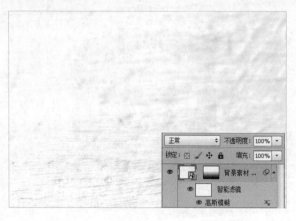

06 绘制圆角矩形
选择"圆角矩形工具"，然后在画布上单击，绘制一个圆角矩形。

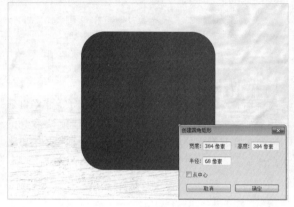

07 导入素材
打开"橙子.png"文件，然后将其拖曳至当前文档中，再缩小至合适大小，接着改变透明度以方便观察效果。

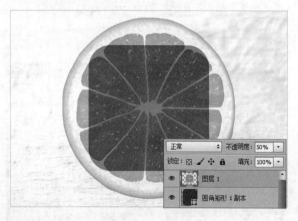

08 改变形状
选择"橙子"图层，然后执行"编辑>变换>变形"命令，改变橙子的形状使其与圆角矩形接近。

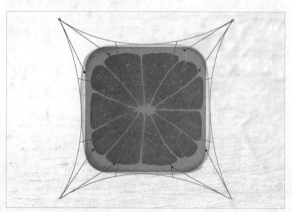

09 改变不透明度
选择"橙子"图层，然后改变它的不透明度为100%。

10 创建椭圆
选择"椭圆工具"，然后在画布上单击，创建椭圆。

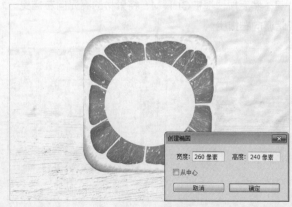

11 绘制气泡角

选择"钢笔工具",在"路径操作"中选择"合并形状",然后在画布上布尔出一个三角形,接着使用"转换点工具"来改变锚点的位置制作出气泡角形状。

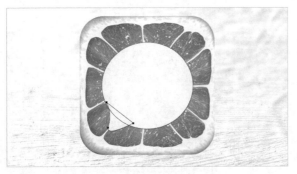

12 添加渐变叠加

选择"气泡形状"图层,然后执行"图层>图层样式>渐变叠加"命令,给气泡形状添加从(R246,G249,B208)到(R253,G254,B240)的渐变叠加。

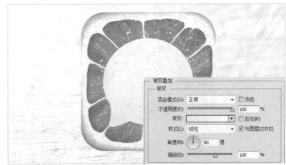

13 添加斜面和浮雕

选择"气泡形状"图层,然后执行"图层>图层样式>斜面和浮雕"命令,给气泡形状添加斜面和浮雕效果。

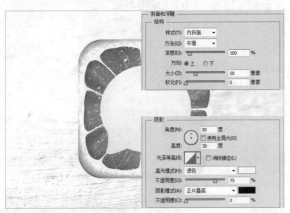

14 添加投影

选择"气泡形状"图层,然后执行"图层>图层样式>投影"命令,给气泡形状添加颜色为(R253,G134,B0)的投影。

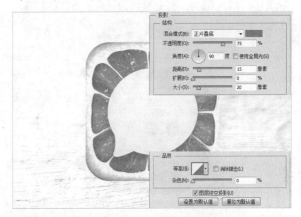
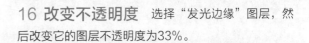

15 制作发光边缘

在"橙子"和"气泡形状"图层之间新建一个图层,然后选择"画笔工具",设置硬度为0%,颜色为(R255,G238,B141),接着在两个图层之间绘制一个发光边缘效果。

16 改变不透明度

选择"发光边缘"图层,然后改变它的图层不透明度为33%。

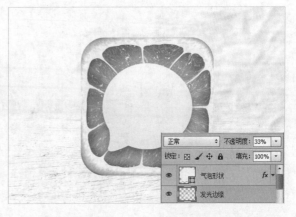

17 绘制椭圆 选择"椭圆工具"，然后在画布上绘制3个圆，颜色分别为（R232，G109，B60）、（R249，G191，B132）、（R249，G223，B182）。

18 添加描边 给3个圆分别添加"描边"图层样式，颜色分别从3个圆的颜色上拾取，然后稍微加深一点。

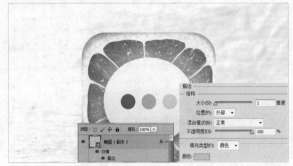

19 制作阴影 选择底层的圆角矩形图层，然后按快捷键Ctrl+J将其复制一次，再选择下方的圆角矩形图层，将其缩小，改变颜色为（R255，G173，B38）。

20 复制阴影 继续选择下方的圆角矩形图层，然后按快捷键Ctrl+J将其复制一次，分别命名为"小弥散阴影"和"大弥散阴影"。

21 制作弥散阴影 选择"小弥散阴影"图层，然后在"属性"面板中设置它的羽化值为10像素。

22 制作弥散阴影 选择"大弥散阴影"图层，然后在"属性"面板中设置它的羽化值为20像素。